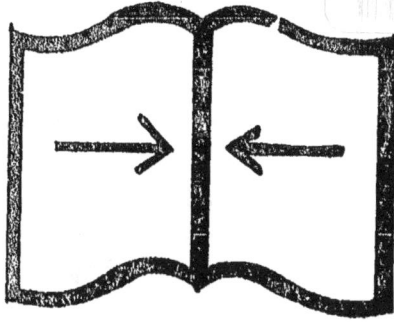

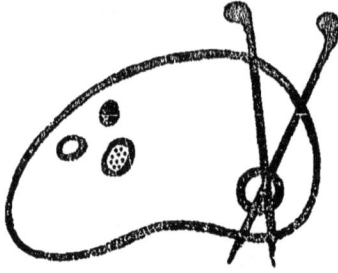

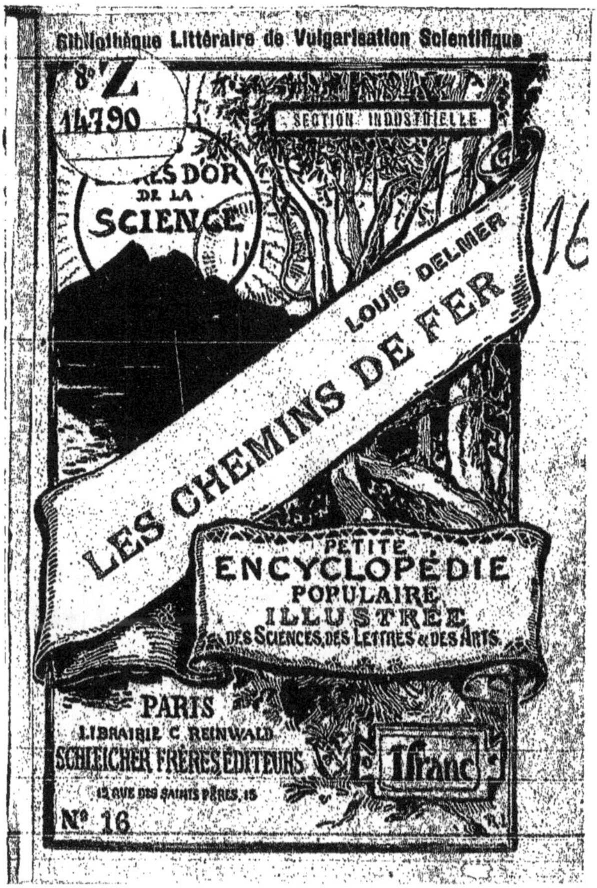
Bibliothèque Littéraire de Vulgarisation Scientifique
8° Z
14790
SECTION INDUSTRIELLE
LIVRES D'OR
DE LA
SCIENCE
LOUIS DELMER
LES CHEMINS DE FER
PETITE
ENCYCLOPÉDIE
POPULAIRE
ILLUSTRÉE
DES SCIENCES, DES LETTRES & DES ARTS
PARIS
LIBRAIRIE C. REINWALD
SCHLEICHER FRÈRES ÉDITEURS
15, RUE DES SAINTS PÈRES, 15
1 franc
N° 16
16

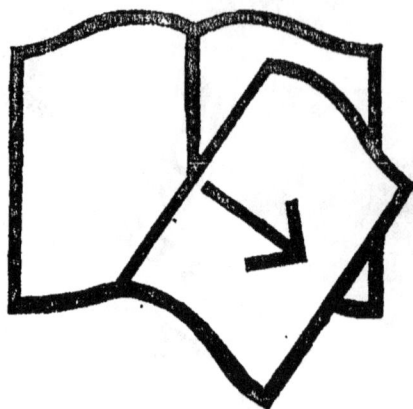

Couverture inférieure manquante

Les Chemins de Fer

DU MÊME AUTEUR

Art, Artistes et Critiques. Bruxelles, 1887.
Farraghit (5 éditions). Lille, 1887.
Le Fils du Gréviste. Bruxelles, 1889.
L'Esclave. Paris-Bruxelles, 1890.
Le Sang de l'Afrique. Bruxelles, 1890.
La Vivisection. Bruxelles, 1890.
Stanley. Bruxelles, 1890.
L'Esclavage Africain. Gand, 1891.
La Croisade Africaine. Bruxelles, 1891.
Les Conférences Antiesclavagistes libres.
    Bruxelles, 1891.
Les Parias de l'Art. Bruxelles, 1892.
L'Art en Cour d'Assises. Paris-Bruxelles, 1893.

EN PRÉPARATION DANS LA MÊME COLLECTION

Les Moyens de transport à travers les âges, 1 vol.

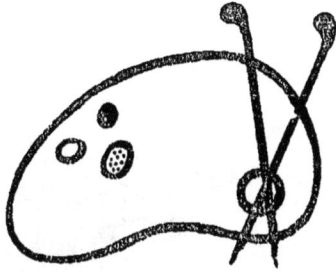

Locomotive du chemin de fer Paris-Lyon-Méditerranée.

LES LIVRES D'OR DE LA SCIENCE

Les Chemins de Fer

PAR

Louis DELMER

Avec 56 Figures dans le texte

et quatre Planches en couleurs hors texte

PARIS

LIBRAIRIE C. REINWALD

SCHLEICHER FRÈRES, ÉDITEURS

15, Rue des Saints-Pères, 15

1899

INTRODUCTION ET HISTORIQUE

Parmi toutes les inventions qui ont révolutionné le monde et renouvelé la vie sociale à la surface de notre globe, aucune n'a pris encore un développement si considérable, n'a prouvé une utilité si grande que les chemins de fer.

Leur influence s'est étendue dans tous les domaines ; puissants générateurs de richesses, ils ont aussi provoqué un mouvement moral surprenant dont les maîtres de la littérature ont consacré l'importance : témoin Zola, dans la *Bête humaine*, et la page de Victor Hugo que chacun connaît. On peut même rappeler à ce propos, en passant, qu'une des principales critiques infligées à l'un des romans les plus célèbres de Maupassant : *Une Vie*, c'est que l'auteur, en retraçant les péripéties de toute une existence humaine écoulée en ce siècle, a omis de tenir un compte suffisant de la véritable rénovation que les chemins de fer ont apportée heureusement dans nos mœurs et notre civilisation ; « critique d'ingénieur », peut-être, mais qui n'en a pas moins sa saveur et mérite d'être rapportée ici.

Accroître le bien-être de la vie matérielle, telle reste aujourd'hui l'idée dominante des nations. Tous les efforts demeurent tournés vers l'industrie, et le fait suffit pour expliquer la place énorme que les chemins de fer ont prise dans l'évolution contemporaine.

Eux qui, il y a quelque soixante ans, commençaient à peine à tracer leurs timides sillons sur le sol européen, ont pris en ce moment un tel développement qu'ils constituent un élément essentiel de notre vie commerciale, économique et intellectuelle.

Jamais invention n'est venue mieux à son heure ; aussi a-t-elle attiré à elle toutes les intelligences et toutes les activités. Elle relie à présent les forces vives et les ressources éparses sur les divers points du monde.

Pour être « de son temps », chacun doit logiquement connaître, au moins dans ses éléments principaux, ce merveilleux agent de civilisation.

Certes, les traités sur la matière ne manquent point : les chemins de fer ont inspiré toute une bibliothèque ; innombrables sont ceux qui en ont écrit, depuis les savants et graves ingénieurs tels que les Perdonnet, les Jacquin, les Picard, les Winkler, les Huberti, etc., jusqu'aux vulgarisateurs comme Figuier, Cerbelaud, et tant d'autres. Mais, d'une part, beaucoup de ces livres ont vieilli ; de l'autre, beaucoup sont par trop spéciaux.

Bien que la science des chemins de fer soit

toute moderne, elle ne le cède à aucune autre ;
et comme toutes les sciences vivantes, qui se
transforment et se complètent constamment, elle
s'enrichit chaque jour de conquêtes nouvelles,
résultats d'un trait de génie ou de patientes
recherches.

Résumer tout ce qui s'est fait, donner un aspect
d'ensemble des chemins de fer actuels, rassembler
en un petit volume les notions essentielles nécessaires pour que l'on se rende compte et de la valeur
immense de l'invention et des grandes lignes de
son fonctionnement, faire prévoir dans la mesure
du possible son extension et ses applications
futures, voilà notre but.

**

On a fait remarquer avec raison que la déno-
mination « chemin de fer », tout aussi bien que
celle de « railway », est inexacte. La caractéristique de ce moyen de communication n'est pas,
en effet, la « route », mais le « moteur ».

Les voies métalliques ont été utilisées dès les
temps les plus anciens pour faciliter le mouvement de masses fort pesantes : les Égyptiens s'en
sont servis dans l'érection de leurs obélisques et
de leurs pyramides; les Grecs, les Romains, les
Carthaginois les ont employées pour la manœuvre
de leurs hélépoles et de leurs catapultes. Le rail
est connu depuis des siècles, mais ce n'est guère

qu'au milieu du xvⁱⁱⁱᵉ que son usage est devenu
courant pour l'exploitation de certaines houil-
lères britanniques.

Ce qui constitue le chemin de fer, c'est à proprement parler la locomotive, c'est-à-dire en
principe la roue mue par la vapeur.

> Inventeur de la roue, inconnu demi-dieu,

s'écrie Sully-Prudhomme dans un de ses sonnets :
c'est la roue qui rendit possible le premier transport par terre, digne de ce nom, en supprimant
le primitif traînage. De l'homme qui eut l'idée de
tailler dans un tronc d'arbre des rondelles pour
faire avancer des fardeaux, ou plus simplement
de glisser, sous quelque grosse pierre qu'il
s'agissait de faire mouvoir, des bûches arrondies,
— de cet homme à Stephenson, l'inventeur de la
locomotive, la distance semble incommensu-
rable ; et, cependant, il n'y a philosophiquement
qu'un pas, car le même génie de l'invention et du
progrès les animait vers le même but, chacun à
son heure, et l'un, comme l'autre, avait l'étincelle
de Prométhée.

Georges Stephenson, répétons-le, doit être
considéré comme le véritable inventeur de la locomotive et, par conséquent, du chemin de fer. Il
eut assurément des précurseurs dans ses recherches, tels lo Français Cugnot, dont le curieux
fardier à vapeur, qui remonte à 1770, est encore

visible au Conservatoire des Arts et Métiers ; les
Anglais Watt, Murdock, Trevithick et Vivian,
l'Américain Evans, etc., mais ce fut lui qui rendit définitivement pratique l'invention demeurée
jusqu'alors tout embryonnaire, et qui sut lancer
sur une voie ferrée une vraie locomotive.

Après le sien, le nom qu'il convient de citer en
première ligne, c'est celui de l'ingénieur français

Fardier à vapeur de Cugnot.

Marc Séguin, qui, en 1828, imagina, — pour produire une quantité de vapeur suffisant à des trajets sérieux, — de lancer la flamme du foyer à
travers l'eau de la chaudière à l'aide d'une série
de tubes qui la traversent de part en part. La
locomotive de Stephenson, *the Rocket* (*la Fusée*),
qui roula bientôt de Liverpool à Manchester,
était pourvue d'une chaudière multitubulaire du
système de Séguin, qui décuplait la surface de
chauffe et, par conséquent, la puissance de la
machine.

*_**

Georges Stephenson était né en 1781, près de

Georges Stephenson.

Newcastle, au cœur du pays houiller britannique.
Son père était chauffeur d'une « pompe à feu »
dans une mine, et dans toute la région circulaient
déjà, à cette époque, des wagons montés sur des
roues pourvues d'un rebord et roulant sur des

rails de bois ou de fer. Ce spectacle fut assurément,— il l'a d'ailleurs raconté plus tard, — pour
beaucoup dans les circonstances qui devaient
conduire le jeune Stephenson à sa découverte.

A quinze ans, le futur inventeur des chemins
de fer hérita des fonctions de son père. Physique-

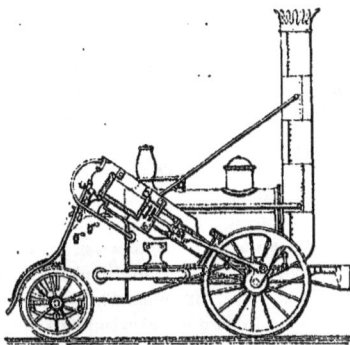

« La Fusée » (*the Rocket*) de Stephenson (1829).

ment très solide, il était doué d'un vif désir d'ap-
prendre, et grâce à l'instituteur du village, il put
satisfaire sa curiosité, tandis que, tout en sur-
veillant sa machine, il exerçait encore la pro-
fession de cordonnier et d'horloger. D'un mariage
avec une fille de ferme, il eut un fils, Robert, qui
devait devenir lui aussi un ingénieur illustre.

L'application de la force de la vapeur à la locomotion devint bientôt pour Georges Stephenson une véritable idée fixe, dont le germe lui était venu en observant la pompe à feu qu'il entretenait. Sans avoir fait aucune étude de mécanique, raconte le meilleur biographe de Stephenson, M. Smiles, il parvint, en 1814, à construire une première machine grâce à la générosité d'un certain lord Rawensworth, qui fut considéré comme fou et abandonné par tous ses amis.

Alors commence la lutte héroïque de Stephenson contre la sottise et l'indifférence publiques. Il convient d'en retracer quelques phases qui font songer à cette boutade fameuse : « Lorsque Pythagore eut trouvé la table qui porte son nom, il offrit une hécatombe aux dieux; depuis lors, dès qu'elles entendent parler d'une invention nouvelle, toutes les bêtes se mettent à crier... »

Cette première machine de Stephenson, qu'il baptisa le *Blücher*, un nom d'actualité, car le célèbre général venait de faire son entrée triomphale à Paris, était lourde et pleine de défauts; elle transportait pourtant de longs trains de houille à une vitesse de trois lieues à l'heure, et on peut la considérer dans son imperfection comme l'archétype de la locomotive actuelle. En tout cas, elle était pratique, et l'on a peine à croire que pendant *une dizaine d'années* elle fut utilisée à la houillère de Killingworth sans qu'on en construisît une semblable. Ce qui explique ce fait extraordinaire, c'est que l'ingénieur Mac

Adam venait d'inventer son système de pavage, et que les inventeurs se préoccupaient exclusivement de trouver les moyens de faire rouler par la vapeur des véhicules ordinaires sur les routes ainsi pavées.

Marc Séguin.

Cependant, un riche propriétaire de Durham, M. Pease, ayant sollicité la concession d'un *rail-way à chevaux* de Stockton à Darlington, reçut la visite de Stephenson, visite à la suite de laquelle la ligne fut exploitée à l'aide de « locomotives » ;

Stephenson fut nommé ingénieur en chef de la Compagnie aux appointements de 7,500 francs par an (1824).

L'idée était dès lors en marche. Peu d'années plus tard, Stephenson obtint la concession de l'importante ligne de Liverpool à Manchester, et, dès 1832, on y voyait rouler des machines remorquant 50 wagons pesant 223 tonnes avec une vitesse de 16 kilomètres à l'heure.

Pendant que ces essais se poursuivaient en Angleterre, en France un courant s'était formé, à la tête duquel se trouvaient Saint-Simon et son école, en faveur de l'invention nouvelle. En 1833, le premier chemin de fer français fut établi de Lyon à Saint-Étienne par Séguin, l'inventeur de la chaudière tubulaire. En 1837, on inaugurait la ligne de Paris à Saint-Germain, et le Parlement concédait Paris-Nord, Paris-Rouen, Lyon-Marseille.

Deux ans auparavant, la Belgique avait établi la ligne de Bruxelles à Malines, à laquelle collabora Stephenson lui-même; elle fut mise en exploitation avec grande pompe et demeura longtemps le modèle de toutes les lignes ferrées.

En Angleterre, en France, en Belgique, partout enfin, le chemin de fer fut, à son début, l'objet de mille absurdes critiques et d'invraisemblables objections. Dans le peuple, la malveillance la plus absolue régnait contre lui; quant aux classes supérieures, elles n'étaient guère mieux disposées. Quelques-unes des considérations invoquées par des hommes réputés intelligents méritent d'être rapportées. La fumée tuerait les oiseaux et asphyxierait les bestiaux dans les prés. Les étincelles mettraient le feu aux récoltes et aux villages. Les aubergistes et les maîtres de poste seraient ruinés. On ne trouverait jamais assez de fer pour construire des lignes vraiment importantes (!). Partant de ce principe, M. Thiers affirmait même que la France ne pourrait construire que cinq lieues de voies ferrées par an. Un député de Lincoln déclara en plein Parlement que le chemin de fer était une invention diabolique. Un éminent chirurgien, sir Astley Cooper, engagea paternellement Stephenson à renoncer à ses projets parce qu'en continuant à couper les grandes propriétés par des routes ferrées, on aboutirait nécessairement à la disparition de la noblesse. On connaît la fameuse objection de la vache qui, s'aventurant sur la voie, eût pu, disait-on, faire dérailler le train, et la non moins fameuse réponse de Stephenson :

« Tant pis pour la vache ! »

La suspicion fut telle dans le principe que les chemins de fer eurent contre eux même le gouvernement pontifical : le pape Grégoire XVI ne put jamais se décider à tolérer leur établissement dans ses États.

Tout cela n'empêcha pas Stephenson de triompher, de mourir chargé d'ans et d'honneurs. Le

rédacteur du *Times* chargé de sa nécrologie en
fit une véritable oraison funèbre dont la fin vaut
la citation : « Ce ne fut, écrivit-il, qu'un simple
ouvrier, mais il était de la noblesse de Dieu, et
ses armoiries sont inscrites à la surface du globe
en parallèles de fer !... »

*

Voilà quels furent les débuts.

Nul n'ignore, dans ses grandes lignes, l'histoire
de l'inconcevable prospérité que prirent bientôt
les chemins de fer. A l'heure actuelle, l'espace
n'existe plus pour eux, ils traversent les montagnes
et les déserts, pénètrent au cœur de l'Afrique,
vont réveiller, tels le transcaspien et le transsibérien, des populations endormies sous de longs
siècles de demi-barbarie.

Dans certains pays éloignés, — c'est le cas, entre
autres, pour les territoires occupés par l'État indépendant du Congo, où des Européens, agissant
en vertu d'un prétendu et criminel droit de conquête, ont essayé d'importer la civilisation tout
en niant le principe de celle-ci, principe qui est
le respect du bien d'autrui ; — dans ces pays, le
chemin de fer apportant aujourd'hui aux populations spoliées des garanties de bien-être, fera, il
faut l'espérer, bientôt oublier les brutales conquêtes de l'Europe.

Nous aurons l'occasion, au cours de ce volume,

de revenir maintes fois sur ce sujet ; il convient
cependant de donner un exemple caractéristique,
et l'on saurait difficilement mieux choisir que celui des États-Unis. En 1830, il y existait une seule
ligne ferrée, où la traction chevaline venait, dans
les endroits difficiles, suppléer à la traction mécanique! Elle allait d'Albany à Schenectody, dans
l'État de New-York, et avait une longueur d'environ 25 kilomètres. Dans les parties montagneuses,
le train était hissé au moyen d'une corde halée
par une machine fixe, et abandonné à la pesanteur pour la descente.

Telle fut la première ligne de l'Union améri-
caine. Il est vrai de dire que son établissement
n'avait pas provoqué les mêmes sentiments de
défiance que partout ailleurs. Des particuliers
avaient même offert gratuitement leurs terrains.

Actuellement, les États-Unis possèdent un réseau de voies ferrées à peu près égal à tous les
réseaux du globe réunis. Ils ont joint le Pacifique
et l'Atlantique, New-York et San-Francisco par
le vaste ruban de fer qui traverse sur des travaux
d'art d'une hardiesse inouïe, les Montagnes
Rocheuses et la Sierra Nevada.

Ces deux formidables obstacles ont été franchis
presque sans tunnel.

Les pentes atteignant 25 millimètres par mètre,
certaines courbes ont à peine plus de 100 mètres
de rayon.

Les Américains ont montré là tout ce que l'ini-

2

tiative et le constant souci du perfectionnement peuvent produire.

Leur interocéanien est et demeurera éternellement un chef-d'œuvre d'industrie, qui démontre à lui seul ce qu'une invention telle que celle de Stephenson doit donner entre les mains de gens intelligents et audacieux, que rien ne rebute ni ne terrifie. Entre la timide et modeste *Fusée* traînant sa rame de wagons à un de nos grands express qui dévorent les kilomètres d'un océan à l'autre, il y a un abîme, et le plus sceptique reste rêveur quand il songe qu'il n'a pas fallu 50 ans pour le franchir.

Il nous faut maintenant examiner tout d'abord quels sont les travaux d'établissement d'une de ces merveilles industrielles qu'on appelle une ligne ferrée, et nous occuper en premier lieu de l'élément le plus coûteux et le plus important, de la *voie*.

LES CHEMINS DE FER

CHAPITRE PREMIER

COMMENT ON CONSTRUIT UN CHEMIN DE FER.

La voie. — Les travaux d'art. — Les stations et les gares.

L'avant-projet d'une voie de communication quelconque est devenu, dans l'état présent de la science, une pure opération mathématique. Il en est ainsi surtout pour un chemin de fer. Le terrain naturel ne se prête jamais tout à fait bien à l'établissement d'une voie ferrée. Quand on étudie le tracé, l'on a d'abord à considérer le côté utilitaire de l'entreprise, qui est commerciale, industrielle ou agricole, d'intérêt général ou local, etc. Il importe de faire cette dernière distinction, car il est évident que les lignes d'intérêt *général* doivent réunir le plus directement possible les grands centres de population, tandis que les lignes d'intérêt *local* sont plus sinueuses; ne négligent aucune agglomération, et leurs frais devant être moins élevés, il faut éviter dans leur établissement les travaux d'art trop dispendieux.

La statistique montre que d'ordinaire le trafic

à courte distance est comparable et parfois même supérieur au grand trafic, mais si l'on en retranche le mouvement qui se produit aux environs des centres, il est fréquemment très faible. L'ingénieur Guillon a prouvé que sur 110 stations du Nord français, les 10 plus importantes donnent 70 °/₀ du produit total. Il est donc rarement avantageux de réunir deux localités importantes par un tracé sinueux, dans le but de faciliter le trafic local.

Nous nous trouvons ici en présence des deux grands ennemis de l'ingénieur spécialiste : *la courbe* et *la pente*.

La théorie de la courbe en matière de chemin de fer est fort curieuse.

Il y a un point par lequel tous les véhicules qui se meuvent sur les rails de nos grandes lignes, se distinguent des voitures roulant sur les routes ordinaires ; ce point est celui-ci :

Tandis que, dans les voitures ordinaires, les roues jumelles, c'est-à-dire appartenant à un même essieu, sont indépendantes, dans le matériel roulant des chemins de fer, au contraire, les roues jumelles font corps avec l'essieu lui-même, qui tourne dans les boîtes fixées au bâti de la voiture ou au ressort ; ces roues sont donc solidaires. De plus, les essieux d'un même véhicule sont invariablement parallèles, tandis que ceux des voitures de nos routes de terre peuvent prendre diverses positions relatives.

Voici, en peu de mots, la raison de cette différence essentielle. Qu'une pierre, un morceau de bois, un obstacle quelconque, venant à se présenter devant l'une des deux roues d'un même essieu, on arrête partiellement la marche ; l'autre roue, mobile sur l'essieu et indépendante, continuerait à tourner. De là une déviation forcée, puis un déraillement probable. Même effet produit pour deux essieux dont les directions ne seraient point constamment et nécessairement parallèles : en se mouvant dans une courbe, il y aurait changement de direction de l'un des essieux, puis déraillement *inévitable*...

D'autre part, les véhicules et les moteurs éprouvent dans les courbes des résistances supplémentaires qui se traduisent par un accroissement de dépenses d'usure, de frais d'entretien, etc. Les pentes ont le même résultat qui, proportionnel au rayon pour les courbes, est ici proportionnel à l'inclinaison.

Les pentes exigent l'emploi des freins pour maintenir la vitesse dans des limites normales. Le frein devient nécessaire quand l'inclinaison dépasse 0.005, et c'est une erreur de compter sur elles pour récupérer à la descente une partie du travail perdu à la montée.

On se tient généralement d'ailleurs dans les mesures que voici :

Pour les lignes à grand trafic, l'inclinaison maximum est de 0,010 par mètre, et le rayon des courbes de 800 à 1.000 mètres. Pour les lignes à trafic restreint, établies dans des régions montagneuses, ces chiffres sont parfois portés à une inclinaison de 0,025 et à une courbe de 250 mètres de rayon.

On s'arrange encore pour que, dans le profil de

la ligne, les pentes et les courbes soient séparées par des parties droites et horizontales, dénommées *alignements* et *paliers*.

Telles sont les règles ordinairement suivies dans la construction des voies. Il faut remarquer que souvent le tracé peut être bien plus accidenté. Parfois même on ne peut se contenter de l'adhérence naturelle de la locomotive et des wagons avec les rails, adhérence due à la pesanteur, et l'on est obligé soit de disposer une crémaillère, soit de haler les voitures à l'aide d'une machine fixe (chemins de fer funiculaires).

Pour établir la voie, il est nécessaire de créer trois documents :

1° le *plan*, qui indique la route à suivre, les localités à traverser, etc. ;

2° le *profil en long*, où est figurée la ligne projetée, vue en quelque sorte en coupe. On y indique les pentes, les rampes, les reliefs du sol, le niveau des plus hautes eaux de la région, etc. La voie passe tantôt au-dessus, tantôt au-dessous du niveau du terrain, et l'on a ainsi l'indication des remblais, des tranchées, des tunnels, etc. ;

3° les *profils en travers*, qui donnent la section transversale des terrassements à exécuter aux endroits où la ligne s'écarte du niveau du terrain.

Avec ces trois éléments, les ingénieurs spécialistes peuvent déjà se faire une idée du coût de la ligne future au kilomètre.

Il ne reste alors, une fois les formalités administratives accomplies, qu'à procéder au nivellement effectif du sol, et pour cela l'on commence par les déblais et les tranchées.

Les tranchées constituent un travail plus déli-
cat qu'on ne pense : elles sont creusées nécessairement dans des terrains très divers, et certaines demandent des installations spéciales de
consolidation. Ou bien l'on revêt les talus de
murs de soutènement ou bien on donne de la
cohésion au sol en le pavant plus ou moins complètement. Ces travaux, quand ils sont achevés,
nécessitent dans certains cas, pendant plusieurs
années, une surveillance continue et coûteuse,
car un éboulement interromprait le service et
causerait un préjudice sérieux à l'exploitant.

Les remblais ne sont pas moins délicats, car
des affaissements y sont à craindre. On en con-
solide utilement la surface par des plantations
de diverse nature.

**

Les tranchées et les remblais ne sont pas considérés comme des « *Ouvrages d'art* ». On réserve
ce nom aux tunnels, aux viaducs, aux ponts, aux
passages à niveau.

Il est évident que les *ouvrages d'art*, dits *supérieurs*, c'est-à-dire établis dans le but de faire
passer au-dessus de la voie une route ou une
voie, doivent présenter une section suffisante pour
laisser librement passer les trains. Dans ce but on
leur donne des dimensions uniformes, réglées
sur un modèle que l'on appelle *gabarit*. Il en est
de même naturellement pour les tunnels.

En matière de ponts, viaducs et tunnels, l'art
de l'ingénieur a fait de tels progrès qu'il convient

d'entrer dans quelques détails. Il existe en ce genre de véritables merveilles de hardiesse et d'habileté.

Il faut en citer toute une liste : le pont-viaduc d'Auteuil, de 1,500 mètres de long ; le pont de Cubzac, sur la Dordogne ; le célèbre viaduc de Garabit, construit par Eiffel, le plus audacieux des ingénieurs ; en Amérique, le pont du Niagara, celui de Brooklyn, celui de Pough-Keepsie, sur l'Hudson, etc., etc.

Le viaduc de Garabit a une longueur de 565

Pont-viaduc d'Auteuil.

mètres, le rail est à 122 mètres de hauteur au-dessus du ravin. Et il ne constitue qu'un joujou à côté des ouvrages d'art à grande portée que depuis l'on a jetés sur de larges cours d'eau, des golfes, et que l'on propose, sans qu'il soit permis d'en nier la possibilité.

Le modèle de l'espèce est sans contredit le pont du Forth, qui mérite une mention toute spéciale et que l'on n'a pas dépassé jusqu'ici.

Il est établi à l'embouchure du Forth, au nord d'Édimbourg, où l'estuaire mesure plus de 18 kilomètres. Les ingénieurs Fowler et Backer ont profité d'un étranglement des rives et d'un îlot pour le construire. Il n'a pas moins de 1.500 mètres de

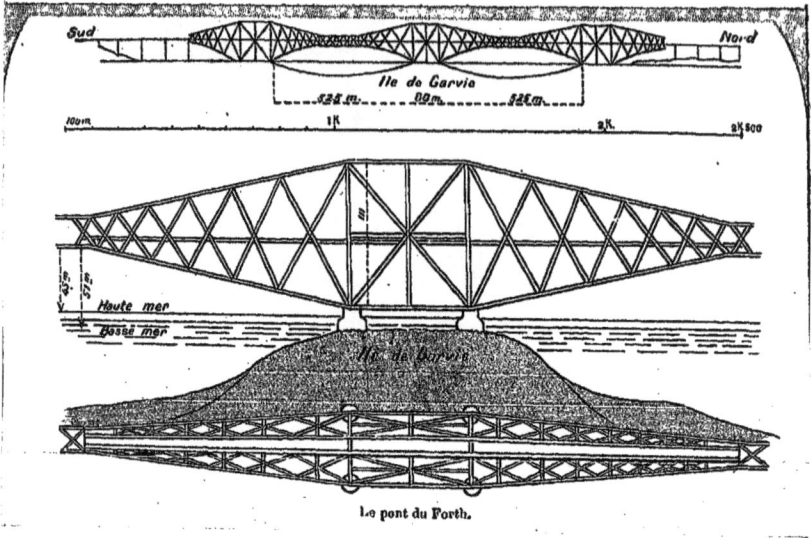

Sud Nord

Ile de Garvie

10m 1K. 2K. 2K 500

Haute mer
Basse mer

Ile de Garvie

Le pont du Forth.

long, et, chose inimaginable, il ne comporte que deux travées qui ont chacune une portée de plus de 500 mètres. Il se compose essentiellement d'une immense poutre continue, équilibrée ingénieusement par son propre poids, et supportée par trois tours de 111 mètres de hauteur. Le principe du montage a été de construire d'abord de grands pylônes, et puis d'ajouter successivement de droite et de gauche des poutrelles en encorbellement, s'équilibrant les unes les autres, jusqu'à l'achèvement des travées.

L'ouvrage a duré dix ans environ. Il pèse 16.000 tonnes sans y comprendre l'infrastructure en maçonnerie et supporte une charge de 800 tonnes. Il a une résistance particulière au vent, généralement très violent à cet endroit : 275 kilogrammes par mètre carré.

On s'accorde à considérer le pont du Forth comme la construction métallurgique la plus remarquable qui existe.

**

La construction des tunnels, devenue également un art important, s'effectue d'après diverses méthodes, selon la nature des terrains.

On attaque en tout cas le massif à perforer de plusieurs côtés à la fois : par les deux extrémités du tunnel futur, et dans le milieu même de son trajet, en creusant, quand il est possible, des puits verticaux qui constituent autant de nouveaux chantiers, et qui sont souvent conservés ouverts pour la ventilation. La galerie ainsi creusée est

long, et, chose inimaginable, il ne comporte que
deux travées qui ont chacune une portée de plus
de 500 mètres. Il se compose essentiellement d'une
immense poutre continue, équilibrée ingénieusement par son propre poids, et supportée par trois
tours de 111 mètres de hauteur. Le principe du
montage a été de construire d'abord de grands
pylônes, et puis d'ajouter successivement de droite
et de gauche des poutrelles en encorbellement,
s'équilibrant les unes les autres, jusqu'à l'achèvement des travées.

L'ouvrage a duré dix ans environ. Il pèse 16.000
tonnes sans y comprendre l'infrastructure en maçonnerie et supporte une charge de 800 tonnes. Il
a une résistance particulière au vent, généralement très violent à cet endroit : 275 kilogrammes
par mètre carré.

On s'accorde à considérer le pont du Forth
comme la construction métallurgique la plus remarquable qui existe.

**

La construction des tunnels, devenue également
un art important, s'effectue d'après diverses méthodes, selon la nature des terrains.

On attaque en tout cas le massif à perforer de
plusieurs côtés à la fois : par les deux extrémités
du tunnel futur, et dans le milieu même de son
trajet, en creusant, quand il est possible, des puits
verticaux qui constituent autant de nouveaux
chantiers, et qui sont souvent conservés ouverts
pour la ventilation. La galerie ainsi creusée est

Croquis figuratif de l'équilibre du pont du Forth.

revêtue d'une maçonnerie, et le tunnel est achevé.

Mais il n'en va pas ainsi quand il s'agit de percer des massifs rocheux d'une grande étendue, ainsi qu'il en est pour le Cenis, le Gothard, le Simplon. Alors les difficultés à vaincre sont innombrables, de véritables armées de terrassiers et d'ouvriers de tout genre sont mobilisées, et malgré toute la

Entrée du tunnel du Saint-Gothard, à Gœschenen.

hâte et l'énergie qu'on peut y mettre, la besogne avance lentement et dure bien des années.

On est obligé de faire usage, pour attaquer la roche, d'appareils perforateurs mus par l'air comprimé et qui agissent à l'aide de fleurets d'acier munis de pointes de diamant. L'air comprimé, accumulé dans des réservoirs, est amené aux chantiers par des conduites; les machines perforatrices, dont la tâche est de forer dans le roc des trous pour y déposer des cartouches explo-

sives, sont montées sur des affûts à roues qui permettent de les ramener en arrière pour enlever
les déblais. Le travail se divise en trois phases :
forage des trous, explosion des mines, enlèvement
des débris. Chaque opération donne environ
un mètre d'avancement, et quand la roche est
favorable, on peut les renouveler de trois à quatre
fois par jour.

On commence par forer ainsi une petite galerie

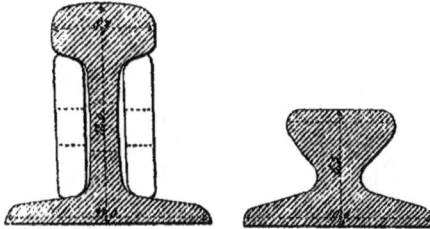

Rails Vignole.

que l'on élargit de côté et d'autre de manière à
obtenir le haut du tunnel. Le creusement se fait
ensuite par dessous, et l'on termine par la partie
inférieure, constituant le sol de la percée.

**

Tout cela fini dans les règles, il n'y a plus qu'à
poser la voie proprement dite pour que la locomotive inaugurale puisse être lancée sur sa route
nouvelle. Ce que l'on appelle la plate-forme, l'in-

frastructure (*unterbau*, disent les Allemands) est
terminé. Reste la superstructure (*oberbau*), com-
prenant les rails, leurs supports et la couche de terrain spécial ou *ballast* sur laquelle ils sont installés.

Pour comprendre comment doit être constituée
une voie bien établie, il faut savoir qu'elle a à
résister à trois sortes d'efforts : les efforts *verticaux* résultant de la pesanteur des trains ; les
efforts *longitudinaux* qui finissent toujours par

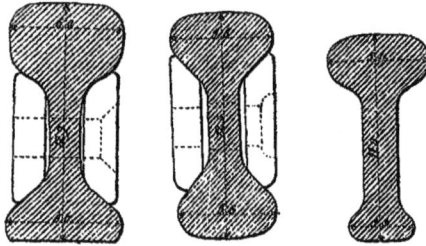

Rails à double bourrelet.

déplacer quelque peu les rails dans le sens de la
marche des trains, c'est ce que l'on appelle le *che-
minement ;* les efforts *transversaux* qui sont causés par le secouement des véhicules contre les
rails et prennent parfois dans les courbes une intensité considérable. Ces derniers sont de la plus
grande importance, car une voie de chemin de fer
n'a jamais une solidité bien grande dans le sens
transversal, et le résultat peut n'être rien moins
qu'un déraillement.

Les rails, bandes d'acier coulé et laminé, sont

de longueur variable et de différents types. Ils peuvent tous se ramener à quatre modèles présentant des caractères très nets : le rail à double bourrelet, le rail à patin, le rail en U, le rail en V.

Tant au point de vue de la fabrication qu'à celui de l'usage, ces divers modèles présentent chacun leurs avantages; aussi ont-ils chacun leurs partisans.

Les rails sont supportés de distance en distance ou sur la continuité de leur longueur. Les supports espacés sont appelés *traverses*, parce qu'ils sont perpendiculaires à la voie; le support continu est parfois le *ballast* lui-même, ou un support spécial, en bois ou en fer, qui est appelé *longrine*.

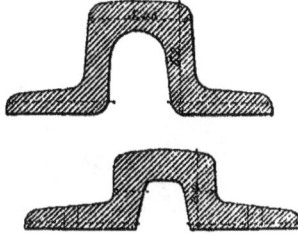

Rails Bruel.

La voie sur traverses en bois est le type le plus répandu et le plus important. Cependant les traverses métalliques sont aujourd'hui plus employées qu'autrefois pour des raisons d'économie, mais sans que les ingénieurs les plus en renom leur reconnaissent les qualités des autres.

Les bois les plus employés pour la confection des traverses sont le chêne, le sapin, le hêtre, et parfois le pin et le mélèze. Le chêne est sans con-

tredit le seul qui résiste suffisamment aux actions
atmosphériques pour être mis en œuvre sans préparation préalable. Mais il coûte cher, et c'est pourquoi on lui substitue souvent, en Angleterre, notamment, le sapin ayant subi une préparation spéciale,
c'est-à-dire ayant été injecté d'un liquide conserva-
teur qui est généralement une huile de goudron.

Suivant leur forme, les rails sont directement

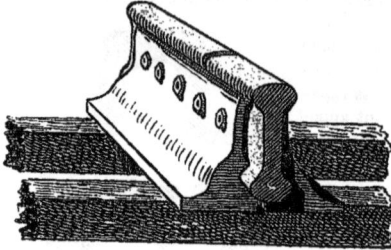

Rails reliés entre eux par des éclisses.

fixés aux traverses ou bien par l'intermédiaire
d'une sorte de pince fixe appelée *coussinet*, dans
laquelle ils sont fortement serrés à l'aide de coins.

Ils sont reliés entre eux par des pièces métalliques, les *éclisses*, sans que leur liaison comporte
un contact absolu, car par suite des variations de
la température, ils sont sujets à s'allonger et à se
raccourcir, et sur la totalité d'une ligne, la varia-
tion qui en résulte serait suffisante pour disloquer
la voie.

La stabilité de celle-ci dépend en outre com-

plètement du ballast, lequel consiste essentiellement en une couche de gravier parfaitement ni-
velée, perméable et stable à la fois, sur laquelle
viennent reposer les traverses. Le ballast est un
véritable matelas.

Quand on l'installe, on pose la voie directement
sur la plate-forme terrassée, puis on fait avancer
des wagons chargés de ballast que l'on décharge

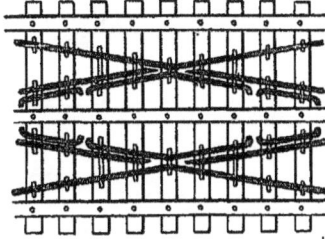

Appareil de traversée de voie.

à droite et à gauche. On *bourre* soigneusement
cette première couche sous les traverses. Une seconde couche vient alors égaliser le tout.

***

Voilà la voie complète. Il ne lui manque plus
que les appareils destinés à faciliter et à accélérer
le service, et à permettre aux trains de se garer les
uns des autres, de changer de voie selon la nécessité, les signaux, enfin les stations et les gares.

Les appareils de la voie sont de trois catégories:
les aiguilles, les plaques tournantes, les chariots
transbordeurs.

Les aiguillages sont les combinaisons de leviers
et de rails mobiles qui permettent à un train de
passer d'une voie sur une autre. Leurs combinaisons sont multiples. Leur installation est une œuvre qui demande beaucoup d'attention et de pré-

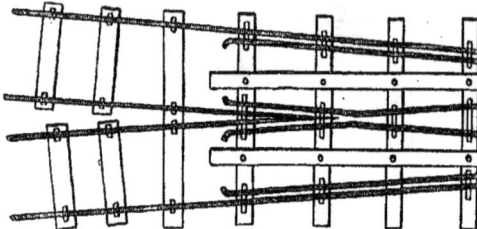

Appareils de croisement de voie. — Contre-rails.

cision, car la sécurité des trains peut dépendre de
la solidité et de l'arrangement de ces appareils.

Parfois deux voies viennent aboutir à une
seule, parfois le changement est possible sur un
plus grand nombre de voies, parfois aussi le train
peut ou bien traverser simplement la voie voisine
ou s'y engager, grâce à un système spécial qu'on
appelle *traversée jonction* ou *traversée anglaise*.
Grâce aux systèmes perfectionnés en usage
actuellement, et rendant solidaires les aiguillages
et les signaux, les trains se meuvent au milieu du
dédale des rails d'une vaste gare avec une aisance,

une souplesse et une sécurité sans pareilles. Nous ne pouvons entrer ici dans les détails techniques; il faut nous contenter de mettre sous les yeux de nos lecteurs deux principaux types de croisements dont les détails sont suffisamment explicites au simple examen.

Pour faire passer d'une voie sur une autre un

Vue d'un embranchement

wagon ou une locomotive, il n'est pas toujours possible d'employer l'aiguillage, il faut alors recourir à l'emploi de *plaques tournantes*. Celles-ci sont utilisées soit quand il s'agit de réunir deux voies faisant entre elles un angle trop grand pour comporter l'emploi d'un branchement, soit pour passer d'une voie sur une autre parallèle, au moyen d'une voie transversale. Très souvent, les faisceaux de voies parallèles, tels qu'il se présentent dans les gares terminus, sont munis d'une batterie de plaques réunies par une voie perpendiculaire.

Les plaques tournantes sont généralement composées des éléments que voici : un tablier circulaire en fer, en fonte ou en bois tourne autour d'un pivot central sur une couronne de

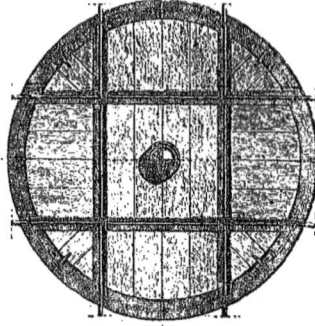

Plaque tournante.

galets. Ce tablier ou plateau porte un, deux et parfois trois tronçons de voie ; mais cette dernière disposition est d'un usage rare par suite de la complication qu'elle entraîne dans l'assemblage des rails. Le plus souvent, deux bouts de voie perpendiculaires, formant une traversée à niveau, se coupent à la surface du plateau. Quand la plaque est au repos, l'un d'eux complète la voie longitudinale et l'autre la voie transversale, afin de ne créer aucune solution de continuité dans aucune des directions et de permettre, sans manœuvre préalable, l'accès de l'appareil aux véhicules venant de l'une ou l'autre des voies raccordées. Des verrous d'arrêt permettent de fixer le plateau dans chacune de ses positions.

Ces notions permettent de se rendre un compte exact de l'emploi et de l'utilité des plaques tournantes. Il est nécessaire d'ajouter que leur emploi est assez limité, car, dans les voies principales, où des trains nombreux et fort chargés cir-

Vue intérieure de la fosse d'une plaque tournante.

culent quotidiennement, le moindre vice dans leur construction peut devenir une cause de danger.

Les dimensions de ces appareils varient nécessairement suivant le type du matériel roulant. Les plaques destinées seulement à la manœuvre des wagons isolés mesurent environ 4^{m}50 de diamètre; on leur donne de 5 à 6 mètres quand elles doivent servir à faire tourner des machines. Lorsque dans les dépôts on doit faire tourner les machines sans les séparer de leur wagon d'approvisionnement ou *tender*, on fait usage de grandes plaques mues par la vapeur et de *ponts tournants* équilibrés avec un soin spécial.

Il suffira de dire quelques mots des *chariots*

transbordeurs qui complètent la série des mécanismes destinés à faire passer un wagon ou une locomotive d'une voie sur une autre, c'est-à-dire de se mouvoir avec facilité sur le réseau qui constitue une exploitation de chemin de fer.

Le chariot transbordeur est uniquement destiné à relier entre elles une série de voies *parallèles*. Il se compose d'un tablier muni de deux bouts de rails et monté sur un train de roues. Il se meut sur une voie perpendiculaire aux voies à relier et peut être amené devant chacune d'elles. On y pousse le véhicule à transborder et le chariot est conduit à bras ou par une force mécanique devant la voie où sa charge doit être dirigée. En vue de faciliter la construction, on établit le plus possible la voie du chariot plus bas que les voies reliées : c'est le *chariot à fosse*. Dans certains cas, notamment sur les lignes très parcourues, cette solution de continuité des rails est à éviter, et l'on emploie alors le *chariot à niveau*. On soulève alors le véhicule à transborder d'une quantité suffisante pour qu'il passe au-dessus des voies raccordées, et ce au moyen de presses hydrauliques, de crics, de vis ou de dispositifs analogues, ou bien l'on emploie des plans inclinés fixes ou mobiles réunissant le niveau des voies raccordées à celui des rails du transbordeur.

Cet appareil est considéré, quand il est bien établi, comme bien supérieur aux batteries de plaques tournantes. « Il est très employé en Angleterre, écrivent MM. Huberti et Flamache dans leur savant *Traité d'exploitation des chemins de fer*, il n'a reçu sur le continent que des applications encore restreintes, mais son emploi tend à se généraliser. »

***

Les stations, les gares!

C'est, pour le public, comme une personnification du chemin de fer lui-même. C'est par là qu'on part, c'est là qu'on arrive, et la station ou la gare, c'est un centre de mouvement qui, dans une petite ville, sollicite la circulation aussi bien que dans une grande capitale. On a souhaité avec raison que les autorités et les compagnies exploitantes comprennent l'importance que la foule accorde nécessairement à un tel mouvement, résumant en quelque sorte toute la vie moderne, et que l'architecture des gares et stations comporte le caractère esthétique qu'elle mérite. Jusqu'à présent, on est loin de compte en cette matière, et les essais artistiques que l'on a faits n'ont guère été heureux. Parmi les plus originaux, il faut citer la gare actuelle de Bruges, en Belgique, conçue en style ogival, et constituant ainsi un curieux anachronisme qui excite la légitime hilarité du voyageur.

Au point de vue technique, les stations sont simplement les points où la voie ferrée est reliée aux communications ordinaires par des installations appropriées au transport des voyageurs et des marchandises.

On a fait remarquer justement que sur le continent, les gares ont été le plus souvent établies dans les quartiers excentriques, afin que le bas prix des terrains rachetât en partie le coût des installations.

Parmi les villes principales de l'Europe, Berlin seul fait exception par sa gare centrale, installée à grands frais Friedrichstrasse, au cœur de la cité.

En Angleterre, pareille préoccupation semble

Gare de Bruges.

n'avoir jamais existé, car les quartiers les plus populeux ont été choisis pour têtes de ligne. Le trafic se ressent plus qu'on ne croit de pareille disposition, et les agrandissements successifs de la gare Saint-Lazare, à Paris, actuellement comparable aux plus importantes gares britanniques, en sont une preuve difficile à nier.

En dehors de ces considérations, le profil des gares doit être horizontal sur la plus grande lon-

gueur possible, tant pour la sécurité de l'exploitation que pour l'économie.

Une gare quelconque comprend : un certain
nombre de voies avec leurs accessoires; des
quais, abris et bâtiments divers; des appareils
de levage et de pesage destinés à faciliter le

Une gare à Londres, Dulwich (S. E.).

trafic des marchandises, grues, puits à bas-
cule, etc.

Il y a dans la série des stations une véritable
hiérarchie. Réduite à son expression la plus
simple, une station est un point d'arrêt, une *halte*
longée par des trottoirs permettant aux voyageurs
l'accès des wagons. Vient ensuite la *gare de passage*, dont le caractère est de ne comporter qu'une
direction dans chaque sens, et où tout le trafic se

fait sur les voies principales; mais elle peut

néanmoins acquérir, par sa situation et par la
valeur de ce trafic lui-même, une importance

presque égale à celle des *gares de bifurcation*

Gare de Melun.

où les **départs** et les **arrivées** s'opèrent dans des sens **multiples**.

La gare Saint-Lazare, à Paris.

Enfin viennent les grandes gares têtes de ligne ou gares *terminus*, où les dispositions à adopter pour les bâtiments doivent répondre à des besoins nombreux et être conçues d'après la nature de tous les services à assurer. Ainsi, dans les grandes gares parisiennes, on sépare presque partout le service des lignes principales de celui de la banlieue, lequel est parfois fort encombrant.

« Quand on le peut, écrit M. Lofèvre, il est avantageux de concentrer le service des trains de banlieue *en tête des quais* réservés à cet usage et de faire le service des grandes lignes le long des quais de départ et d'arrivée de ces lignes. En effet, comme dans les lignes de banlieue les bagages sont l'exception, on a ainsi l'avantage de grouper, dans le plus faible espace possible, tous les bureaux nécessaires. »

Sous ce rapport, la gare Saint-Lazare, à Paris, est un véritable modèle. On y accède de deux côtés par des façades monumentales.

Tous les départs de banlieue sont concentrés
dans la partie gauche. Des ascenseurs et des plans
inclinés élèvent les bagages au niveau des voies
et les en descendent. Vingt-cinq quais, desservis
par douze groupes de voies, sont affectés au service des trains, dont seize réservés à la banlieue
et neuf aux grandes lignes. Des salles spacieuses
sont aménagées pour les bagages et la douane.

Le service des messageries a été reporté dans
une gare spéciale à étage. Les wagons arrivant
sur les voies principales sont montés à l'étage
élevé de neuf mètres par des ascenseurs hydrauliques.

Cette disposition a permis d'augmenter la
superficie utile de près de 5.000 mètres carrés, et
de récupérer un capital considérable sur le terrain qu'il eût fallu acquérir pour arriver au même
résultat.

Nous passerons sous silence les dispositions particulières relatives aux gares spéciales à certaines
exploitations industrielles, telles que les houil-
lères, les hauts fourneaux, etc. Bien plus intéressants sont les détails qui concernent la sécurité
des trains, la défense contre les accidents, ce que
les ingénieurs appellent la *signalisation*.

CHAPITRE II

On donne le nom général de *signaux* à tous les moyens employés pour établir, entre les différents agents de l'exploitation, l'entente nécessaire à la sécurité et à la rapidité des trains.

Aujourd'hui que les réseaux ferrés se sont compliqués à l'extrême, les causes de danger se sont trouvées considérablement multipliées. Le code des signaux est maintenant une organisation complète exigeant la solution de problèmes parfois fort compliqués. Les traités techniques y consacrent de longs chapitres, et l'on est surpris de voir à quelles difficultés s'est buté l'art de l'ingénieur en cette matière.

Le principe, digne de Calino, c'est que tout train doit trouver devant lui une ligne *continue et sans obstacle*. Mais la première application cesse d'être naïve : il faut que tout train trouve devant lui un signal lui annonçant tout obstacle ou toute discontinuité. Telle est la théorie fort simple de la signalisation. La pratique est infiniment complexe.

Les procédés pour assurer l'exécution du système des signaux admis constituent, en effet, une véritable télégraphie conventionnelle qui emploie les moyens de transmission les plus variés : méca-

niques, électriques, optiques, acoustiques, pneu-
matiques, etc.

Les signaux peuvent être cependant divisés
en deux grandes catégories, *optiques* et *acoustiques.* Pour les premiers, le jour, on utilise un
objet apparent, auquel sa forme et sa position donnent des significations convenues ; la
nuit, on a recours à des feux colorés.

LES SIGNAUX PRIMITIFS.

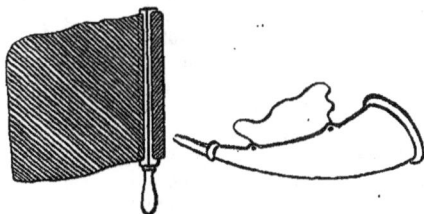

Le drapeau.   Le cornet.

Les signaux acoustiques ont ceci de particulier
qu'à la différence des premiers, ils forcent l'attention de l'agent qui doit les recevoir. Leur cercle
d'action est limité, mais leur efficacité spéciale
constitue leur valeur.

En ce qui concerne les signaux optiques, on
n'ignore généralement pas que le feu blanc signifie
voie libre, le vert, *ralentissement*, le rouge, *danger* et *arrêt.* On sait aussi que l'emploi des feux
colorés présente certain péril particulier par suite
d'une maladie des yeux qui fait confondre les cou-

leurs et que l'on a nommée *daltonisme*, du nom de celui qui l'a diagnostiquée et décrite pour la première fois (Dalton). Aussi y a-t-il une tendance marquée à remplacer les signaux optiques multicolores par des signaux unicolores, sans que, jusqu'à présent, une généralisation complète se soit produite sur ce point.

Notre cadre ne nous permet point d'entrer dans le détail de la signalisation générale. Il suffit de savoir que toute station ou tout point d'arrêt est couvert par des signaux qui en défendent l'approche.

Disque à distance à voyant rond.

Quant aux signaux qui couvrent les trains en marche, nous ne pouvons nous dispenser d'exposer en ses grandes lignes le système aujourd'hui universellement adopté parce qu'il présente sans conteste le plus de garanties de sécurité, le *block system*.

Appareil placé aux points dangereux, dit « Signal carré d'arrêt absolu ».

A l'origine des chemins de fer, dit le vulgarisateur par excellence, M. L. Figuier, on se contentait de la prescription d'un intervalle de temps pour espacer entre eux les trains qui suivaient la même direction. Cet intervalle était ordinairement de 10 minutes. Une telle mesure aurait

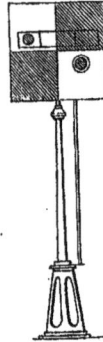

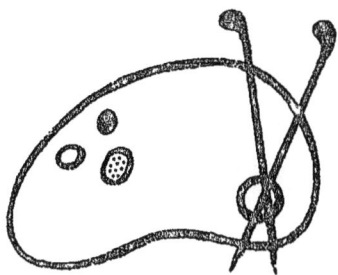

Chemin de fer à crémaillère de la Jungfrau.

été suffisante si les trains s'étaient succédé avec
une vitesse égale, si aucun d'eux n'était jamais
demeuré en détresse, mais une telle régularité
n'est pas possible dans la pratique. Sur une
ligne dont le trafic est faible, ces conditions sont
suffisantes sans doute, mais sur les grands
réseaux, il n'en est guère de même et l'on a dû
renoncer au *principe de l'intervalle de temps*,
pour adopter celui de l'*intervalle de distance*.

C'est là le propre de l'invention du
block system.

On divise la ligne en sections de
3, 4 ou 5 kilomètres, et l'on y place
des signaux indiquant que la voie
est fermée *en amont* de chaque section, *tant qu'il y a un train circulant
sur cette section*. Quand il arrive au
début d'une section et qu'il voit le
signal *voie libre*, le mécanicien est,
de la sorte, certain que toute la sec-

Lanterne uti-
lisée pour les
signaux.

tion est libre devant lui, et, réciproquement, si
un train s'arrête, il est couvert et protégé par le
signal de la section qu'il occupe.

En Angleterre, pays d'innovations par excellence, l'exploitation des chemins de fer sous le
régime du *block system* s'étendait déjà, il y a
vingt-cinq ans, à 8.000 kilomètres de voies ferrées.
Il a fallu bien du temps aux ingénieurs du continent pour arriver à des résultats analogues. Il est
du reste à constater, en passant, que les ingénieurs spéciaux appartenant aux administrations
de l'État sur le continent se font une règle étrange
d'être peu accueillants aux inventions nouvelles.

4

Le *block system* consiste donc essentiellement à diviser une voie en sections d'une certaine longueur, en tête de chacune desquelles on place un signal indiquant que la voie est fermée tant qu'un train circule dans cette section. Quand il arrive à l'origine d'une section et qu'il trouve le signal ouvert, le mécanicien est sûr que la route est libre devant lui, jusqu'à la section suivante. Dans la pratique, le mécanicien trouvant une section fermée, est autorisé à y pénétrer à une vitesse réduite, ce qui s'appelle en terme de métier marcher *à vue*, de telle sorte qu'il puisse s'arrêter dans l'espace découvert devant lui.

Le *block system* est aujourd'hui d'un usage quasi général. Il est d'origine anglaise, et sa mise en pratique exige l'emploi de l'électricité à l'aide de laquelle les stationnaires signalistes envoient leurs ordres et leurs avertissements aux stationnaires suivants. La réalisation du *block system* exige 1° la division de la voie en sections; 2° l'établissement de postes à l'extrémité de chacune des sections; 3° un procédé de correspondance permettant au poste d'aval d'une section d'avertir le poste d'amont qu'un train engagé dans la section vient d'en sortir.

Les appareils Tyer et Jousselin sont les plus employés pour obtenir ce résultat. Lorsqu'un train part d'un poste du *block system*, le stationnaire de ce poste avertit son correspondant du poste suivant en pressant un bouton de l'appareil qui amène une aiguille électrique sur les mots *voie occupée*. Quand le train a dépassé le poste du stationnaire auquel il a été annoncé, celui-ci pousse le bouton placé sur les mots *voie libre*, et en même temps un sémaphore placé sur la voie indique au mécanicien que son train est *couvert*, c'est-à-dire qu'aucun autre train ne peut s'engager dans la section parcourue. En résumé, la manœuvre du *block system* comporte cinq opérations : 1° le poste 1 avertit le poste 2 au moyen de l'appareil Tyer qu'un train s'engage dans la section ; 2° le poste 2 met son appareil récepteur, — et automatiquement l'appareil récepteur du poste 1, — à la position *voie occupée* ; 3° le poste 1 met à l'arrêt le bras de son sémaphore dès que le train a passé ; 4° le poste 2 met son récepteur et celui du poste 1 à la position *voie libre* dès que le train a passé ; 5° le poste 1 efface le signal d'arrêt de son sémaphore.

M. Jousselin a perfectionné l'appareil Tyer de façon à lui permettre de donner douze indications différentes au lieu de deux.

L'inconvénient des appareils dont nous venons de parler est l'absence de solidarité entre les signaux des deux postes consécutifs. Aussi a-t-on imaginé plus tard ce que l'on appelle le *block interlocking system* dans lequel il est impossible de débloquer la section en arrière sans avoir précédemment bloqué la section en avant. Ce résultat a été obtenu en Allemagne par les appareils de Siemens et Halske et en France par ceux de MM. Lartigue, Tesse et Prudhomme, en usage depuis longtemps sur les lignes de la Compagnie du Nord.

C'est à partir de 1880 que le *block system* a été réglementé en France par une circulaire ministé-

rielle d'après laquelle il doit être établi sur toutes
les lignes où le trafic atteint un mouvement de
cinq trains à l'heure dans le même sens à certains
moments de la journée. Cette formule supposant
des trains espacés de douze minutes a pour origine l'ancienne règle des dix minutes d'intervalle
à laisser entre les départs des trains qui se suivent.

Les postes du *block system* sont ordinairement
distants de deux à trois kilomètres ; cet espacement est un point essentiel, car la capacité de la
ligne en dépend : si les sections sont trop longues,
en effet, on risque d'arrêter chaque jour les trains
à l'entrée d'une section pour attendre que le
train qui précède l'ait franchie ; si elles sont trop
courtes, on réduit la vitesse des trains, qui sont
encore forcés de s'arrêter. Aussi cet espacement
est-il très variable. Aux environs de Paris, il est
de 1.000 à 1.200 mètres ; dans la grande banlieue,
de 15 à 1.800. Dès qu'il y a cinq trains à l'heure
dans le même sens, il est difficile de laisser plus
de 2 kilomètres 1/2 entre deux postes, car il faut
compter que les trains de marchandises, dont la
vitesse commerciale est réglée à 20 ou 25 kilomètres
à l'heure, n'en font souvent que 18 ou même moins,
à cause des rampes, des ralentissements, etc.

On conçoit que si la sécurité des trains nécessite de telles précautions sur les lignes à double
voie, il n'en faut pas moins, au contraire, sur les
lignes à voie simple, dont le nombre est encore
fort grand. On y applique généralement le *block
system* modifié. Une des modifications les plus en
usage, est l'emploi des cloches allemandes ou
cloches Léopolder. Ce sont de grosses cloches pla-

cées sur les façades des gares et aux postes des garde-lignes, et qui sonnent électriquement un certain nombre de coups dont le groupement constitue un véritable vocabulaire de convention. Le nombre de signaux ainsi transmis, à l'aide

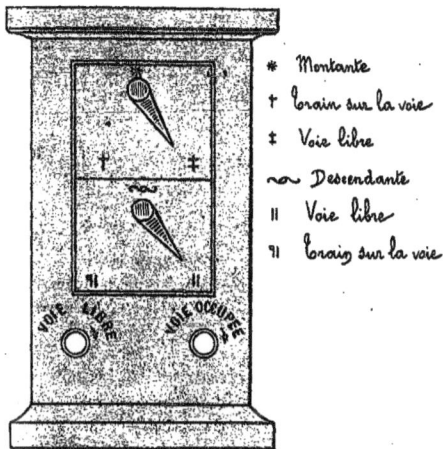

Appareil Tyer.

de la pression d'un simple bouton, est d'une douzaine seulement.

Supposons deux gares voisines reliées par des cloches Léopolder; tous les trains se dirigeant de la première sur la seconde sont annoncés par plusieurs séries de coups de cloche en nombre

pair, tous les trains se dirigeant de la seconde
vers la première sont annoncés par des coups de
cloche en nombre impair. Ces coups se font enten-
dre à la fois à la gare correspondante et aux postes
des garde lignes. Les agents de la voie et les
agents des gares sont ainsi prévenus, non seulement du départ d'un train, mais du sens de
la direction. Si deux trains étaient annoncés à la
fois, dans deux directions opposées, les agents
en seraient ainsi avertis, et auraient le temps de
prendre des mesures pour empêcher une collision.

**

Outre le *block system*, la sécurité des trains
comporte aujourd'hui de nombreux et considérables perfectionnements dans ce qu'on appelle
l'*aiguillage*, c'est-à-dire les manœuvres destinées
à faire passer les trains d'une voie sur une autre,
ainsi que dans le fonctionnement mécanique des
signaux.

A l'origine, l'aiguilleur chargé de la manuten-
tion de plusieurs leviers était forcé de se déplacer continuellement de l'un à l'autre, et à mesure
que le trafic augmentait, ce travail devenait de
plus en plus difficile. Il est établi que la plupart
des accidents qui se produisaient autrefois étaient
causés par l'erreur, la distraction, et aussi par la
fatigue des aiguilleurs, que les administrations de
l'État et des petites compagnies continuent encore,
il est vrai, à assujettir à un travail inhumain par
sa durée.

Actuellement, on est parvenu à remédier à cet

état de choses par deux moyens. Le premier est la concentration des leviers de changement de voie situés dans un certain rayon, en un point unique où ils sont manœuvrés par un seul agent. Celui-ci commande les aiguilles à une distance souvent considérable au moyen d'une transmission s'opérant par des tiges de fer rigides. Le second, c'est *l'enclenchement*, qui a pour résultat de réaliser entre les leviers actionnant ou les aiguilles ou les signaux une dépendance mécanique qui met l'aiguilleur dans *l'impossibilité matérielle de manœuvrer tel levier, tant que d'autres leviers sont dans une position permettant des mouvements qui ne pourraient se faire sans danger en même temps que le premier.*

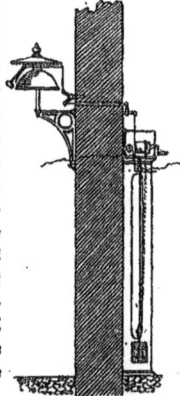

Cloche allemande
(cloche Léopolder).

Les résultats de *l'enclenchement* sont merveilleux à ce point que l'on a pu dire, écrit M. Figuier, qu'un aveugle entrant dans un poste d'aiguillage renfermant des centaines de leviers, comme il en existe dans certaines grandes gares, pourrait les manœuvrer au hasard sans qu'il en résultât aucune conséquence fâcheuse autre que l'*arrêt de tous les trains*.

Vers 1855, un Français, Vignier, et un Anglais,

Saxby, imaginèrent le premier système d'enclenchement. Aujourd'hui, ce système perfectionné sous le nom de Saxby et Farmer est absolument général. Il n'y a pas de limite au nombre de leviers installés dans le même poste. La gare de poste London-Bridge en compte environ 800, desservis par quatre hommes.

Le principe de l'enclenchement est appliqué à l'aide de tringles et de glissières qui dépendent des leviers de commande des signaux et des aiguilles. Si le levier peut prendre sans inconvénient la position qu'on veut lui donner, les glissières pénètrent dans des ouvertures ménagées dans les tringles, sinon elles viennent buter contre des parties pleines qui empêchent le levier d'exécuter son mouvement.

Avec l'enclenchement, fait remarquer l'ingénieur Varennes, a fini la légende de l'aiguilleur. « Que l'aiguilleur, disait Guillemin dans son *Étude sur les chemins de fer*, ait un moment de distraction et tourne du mauvais côté une aiguille prise en pointe, et voilà un train lancé sur un autre ou envoyé sur une voie de manœuvre ! »

Cette éventualité, si redoutable il y a quelques années, ne peut plus aujourd'hui se produire et la distraction de l'aiguilleur amenant une collision, cela n'est plus maintenant qu'une tradition des temps passés de l'exploitation des chemins de fer.

La poésie y perd, mais la sécurité y gagne : c'est une large compensation.

Le mot *enclenchement* vient du mot clinche ; la clinche est une petite barre de fer qu'on lève ou qu'on abaisse dans une encoche, de manière à permettre ou à entraver la marche d'un verrou.

L'enclenchement, c'est donc une solidarité

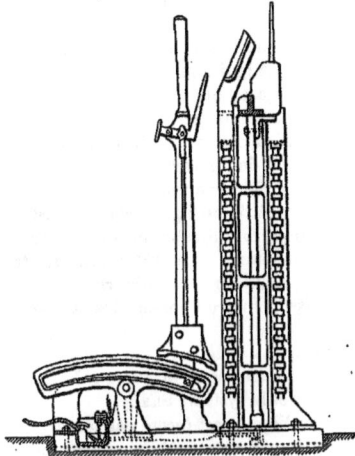

Levier de manœuvre des signaux et aiguilles
(Système Saxby et Farmer).

établie entre divers appareils d'aiguillages et de signaux, et cette solidarité est établie de telle sorte que l'un d'eux ne puisse occuper une position donnée si les autres n'ont pas pris, de leur côté, une position correspondante et déterminée.

L'exposition de tous les systèmes d'enclen-

chement imaginés nous entraînerait trop loin.
Tous sont fort ingénieux et tous remplissent le
but pour lequel ils sont créés, c'est-à-dire que
tous les mouvements possibles sur les voies principales d'une gare ayant été arrêtés, on a combiné
les liaisons mécaniques des leviers de telle sorte
qu'un fou manœuvrant au hasard les leviers
d'une cabine d'aiguilleur ne pourrait pas amener dans la gare, ou dans la bifurcation, un
mouvement de trains dangereux.

C'est ce qui fait que les bifurcations, qui autrefois, étaient des points dangereux, sont aujourd'hui des points aussi sûrs que n'importe
quel autre point d'une ligne ferrée. C'est pourquoi il est aujourd'hui rationnel de faire franchir
sans ralentissement les bifurcations, tandis
qu'avec les aiguillages la sécurité y imposait
des ralentissements ou même des arrêts complets.

Les principaux systèmes d'enclenchement employés en France sont le verrou Vignier, la
serrure Anet et le système Saxby.

Le verrou Vignier est formé par une tige horizontale reliée par un renvoi de mouvement au fil
de manœuvre du disque qui protège l'aiguille.
Lorsque le disque est à « voie libre », le verrou
pénètre dans l'ouverture ménagée dans la tige de
manœuvre de l'aiguille et empêche celle-ci d'être
déplacée.

Dans le système Anet, les leviers de manœuvre
du disque et des aiguilles dont les positions
doivent être coordonnées, sont munis d'une serrure à laquelle s'adapte une clef unique pour

chacun des disques. La clef est nécessaire pour
qu'on puisse manœuvrer les leviers et elle ne peut

Aiguillage mécanique dans une cabine Saxby et Farmer.

être retirée de la serrure que si le levier occupe
une position qui ne soit pas dangereuse.

Le système Saxby est basé sur l'idée de M. Vi-

guier expliquée plus haut. L'enclenchement, au
lieu d'être réalisé par des verrous, l'est par des
grilles tournant autour d'axes et venant buter
contre des taquets.

Des postes de ce système sont aujourd'hui installés dans toutes les grandes gares et dans les
points importants de bifurcation. Un grand
nombre de leviers y sont réunis dans des cabines
vitrées et élevées de 4 à 5 mètres au-dessus du
niveau des voies, et ces leviers permettent de manœuvrer à distance de nombreuses aiguilles en-
clenchées avec les leviers des signaux correspon-
dants.

***

De tout ce qui précède, on peut conclure que
la sécurité de la circulation des trains repose
tout entière sur la manœuvre des signaux et
qu'elle ne peut pas être compromise tant que les
mécaniciens respectent les indications des signaux.

Les signaux sont rouges, verts et blancs et in-
diquent aux mécaniciens l'état de la voie.

Le signal *rouge rond* ou disque leur annonce
l'éventualité d'un obstacle et leur ordonne de se
rendre maîtres de la vitesse de leur train, de
façon à pouvoir l'arrêter, s'il est nécessaire,
dans l'espace de voie libre qu'ils voient devant
eux.

Le signal *rouge carré* ne doit jamais être fran-
chi et il ordonne l'arrêt avant le point où il est
placé; le signal carré est muni de pétards placés

sur le rail qui se retirent automatiquement au moment où il est effacé pour indiquer « voie libre ». Le pétard est un témoin infaillible que le signal carré a été respecté.

Le signal *vert* indique le ralentissement.

Le signal *blanc* indique la voie libre ; il pourrait à la rigueur être supprimé, puisque l'absence de signal indique la voie libre.

On utilise encore le bleu, le jaune et le violet, mais ces couleurs n'ont qu'une importance secondaire, et il est prudent d'en éviter l'usage, car dans certaines maladies des yeux, — daltonisme, — elles sont prises l'une pour l'autre et cette confusion peut amener les plus terribles résultats.

CHAPITRE III

La locomotive. — Le tender. — Les wagons.
Derniers perfectionnements.

La locomotive.

Aujourd'hui que de longues années d'expérience
sont venues éclairer toutes les parties de la question, les ingénieurs recherchent dans l'établissement des locomotives soit la vitesse, soit la
puissance, liées dans les deux cas aux meilleures
conditions de sécurité et de marche régulière et
économique.

De là, deux types principaux de locomotives :
celles à grande force et celles à grande vitesse. On
cherche maintenant à concilier, dans une certaine
mesure, ces deux termes du problème, afin d'arriver à remorquer très vite des trains très lourds,
mais on ne saurait, dans tous les cas, obtenir ce
double résultat d'une manière absolue, car il ne
faut pas oublier ce principe de la mécanique élé-
mentaire : « Ce qu'on gagne en force, on le perd en
vitesse, et réciproquement. »

En principe, une locomotive est une machine
à vapeur accompagnée de sa chaudière, de son
foyer et de sa cheminée, montée sur un chariot

spécial et placée, le plus souvent, en tête du convoi qu'elle remorque.

Elle se compose de trois parties principales : la chaudière, le mécanisme et le châssis.

Depuis l'invention de Séguin, la chaudière des locomotives est du système tubulaire, le seul qui permet de produire rapidement une grande quantité de vapeur avec un appareil de poids et de dimensions limités. Elle comprend le foyer, le corps cylindrique et la boîte à fumée.

Le foyer est une capacité généralement rectangulaire, fermée à sa partie supérieure par une paroi qu'on appelle ciel du foyer. Sa surface inférieure est en contact avec le combustible qui est déposé sur la grille, et il est entouré d'une couche d'eau de 7 à 10 centimètres d'épaisseur contenue dans une enveloppe faisant corps avec la chaudière et qui suit les contours du foyer jusqu'à la hauteur du ciel. Les foyers de locomotives sont construits en cuivre rouge ou bien en tôle d'acier.

Toutes les parois planes du foyer doivent être solidement armées pour résister à la pression de la vapeur qui tend à les déformer; à cet effet, les faces verticales sont réunies à celles de l'enveloppe, au moyen d'entretoises ou de petits cylindres en cuivre ou en fer de 20 à 25 millimètres de diamètre, assemblés à vis et rivés dans les parois du foyer et de son enveloppe. Le ciel du foyer est consolidé lui-même par des armatures en fer forgé affectant la forme parabolique; elles sont espacées de 10 centimètres environ et boulonnées au ciel du foyer.

Les grilles sont de modèles très divers; elles sont ordinairement composées de barreaux en fer indépendants, disposés longitudinalement, et dont la forme et l'écartement diffèrent selon la nature du combustible employé.

Pendant ces dernières années on a beaucoup étudié la disposition des grilles, en vue de brûler le charbon menu de toute qualité.

Dans cet ordre d'idées, nous citerons le foyer du système Belpaire. Sa grille est d'une grande surface; les barreaux, très minces et très rapprochés, sont sensiblement inclinés vers l'avant, où est ménagée une partie mobile pour faciliter le nettoyage. Le combustible menu y est déposé en couche mince et toutes les dispositions sont prises pour que le chauffeur puisse facilement diriger son feu et nettoyer sa grille.

Dans le foyer Belpaire, la longueur de la grille dépassant souvent 2^{m}60, et atteignant parfois 3 mètres, on est obligé de loger un des essieux de la locomotive au-dessus de la grille, et le cendrier est spécialement disposé à cet effet.

D'autres systèmes de grilles sont aménagés pour brûler du coke ou des mélanges de houille et de coke, ou des briquettes d'agglomérés. Dans quelques contrées et principalement en Amérique, les foyers de locomotives sont établis pour brûler du bois.

Enfin, depuis quelque temps, on emploie couramment le pétrole comme combustible des locomotives sur les lignes de la Russie méridionale.

Dans le corps cylindrique ou chaudière proprement dite, il faut distinguer les tubes et l'enveloppe.

Le nombre des tubes varie de 100 à 300. Ce sont de petits cylindres de 30 à 50 millimètres de diamètre intérieur, de même longueur que le corps cylindrique. Ils sont fixés par l'une de leurs extré-

Locomotive de banlieue (Compagnie de l'Ouest).

mités dans la paroi antérieure du foyer, et sont traversés dans toute leur longueur par les gaz de la combustion. Les tubes sont contenus dans le corps cylindrique ; celui-ci communique librement avec l'enveloppe du foyer; il contient l'eau qui baigne les tubes et sert de réservoir à la vapeur à mesure qu'elle se forme. Les extrémités antérieures des tubes et du corps cylindrique sont solidement fixées sur une forte plaque de

5

tôle, appelée plaque tubulaire de la boîte à
fumée.

Si bien établis que soient les tubes, il arrive
parfois qu'un de ceux-ci crève en route, et que
l'eau et la vapeur pénètrent dans le foyer.

Dans ce cas, le mécanicien enfonce un tampon
en bois blanc dans le tube crevé afin de l'isoler.

Pour fabriquer les tubes de locomotives, on emploie du fer, de l'acier doux, du cuivre ou du
laiton.

Pour les chaudières, on fait usage de tôles
d'acier. L'épaisseur de ces tôles atteint 15 à 20 millimètres, elles auraient une très grande durée si
l'on pouvait les maintenir toujours en contact avec
l'eau. Ce n'est pas que les mécaniciens n'entre-
tiennent soigneusement un niveau suffisant ; mais
les incrustations, provenant du dépôt des sels en
suspension dans l'eau, produisent des « coups de
feu » qui brûlent les tôles. Pour empêcher ces
dépôts, on a essayé des lavages, des dissolvants
chimiques, des courants électriques, de l'épura-
tion préalable des eaux ; mais jusqu'ici, on n'a
pas obtenu de résultats vraiment satisfaisants.

***

Après avoir traversé les tubes, les produits de
la combustion se rendent dans la boîte à fumée
que surmonte la cheminée et où débouche également l'échappement de vapeur des cylindres, qui
est l'élément essentiel du tirage des locomotives et
permet de se contenter, pour les chaudières de

ces puissantes machines, de cheminées d'une très faible hauteur.

Le *tirage par jet de vapeur*, et la *chaudière tabulaire* sont les deux caractéristiques des locomotives. Ces machines ne peuvent par suite être à condensation ni à basse pression ; elles marchent ordinairement à la pression de 8 à 10 atmosphères.

La « prise de vapeur », c'est-à-dire le dispositif au moyen duquel la vapeur produite dans la chaudière se rend dans les cylindres, se compose généralement d'un tuyau qui court longitudinalement dans la partie supérieure de la chaudière et qui, se recourbant verticalement à ses deux extrémités, débouche d'un côté à la partie supérieure du « dôme de prise de vapeur » et aboutit à l'autre extrémité, par un double branchement, à chacune des boîtes à vapeur attenant aux cylindres.

Lorsque la chaudière est sans dôme, la prise de vapeur se fait tout le long du tuyau, qui est alors percé de trous dans sa partie horizontale. Il est de beaucoup préférable de prendre la vapeur dans un dôme élevé aussi loin que possible du contact de l'eau, afin d'avoir de la vapeur sèche et d'éviter les entraînements d'eau qui nuisent au jeu des pistons et font cracher les machines.

Un mécanisme, dont les dispositions varient à l'infini et qui a reçu le nom de « régulateur », ouvre ou ferme l'orifice du tuyau de vapeur. Le régulateur est une valve de fermeture à grande surface, d'une forme particulière, et c'est sur son levier de manœuvre que le mécanicien agit pour mettre la machine en marche, pour en modifier la vitesse ou pour l'arrêter.

Les appareils de sécurité de la chaudière des locomotives sont les mêmes que ceux des machines fixes; ils sont cependant d'un modèle différent et approprié à leur destination spéciale.

Les soupapes de sûreté, généralement doubles, ont leurs leviers maintenus par des ressorts à boudin logés dans des gaînes de bronze. Depuis quelques années, on fait un usage courant de soupapes dans lesquelles les ressorts affectent une disposition spéciale permettant la suppression des gaînes.

Dans le cas où le niveau d'eau baisserait assez pour laisser le ciel du foyer à découvert, et pour prévenir les accidents qui pourraient en survenir, on visse au centre de ce dernier un bouchon percé, suivant son axe, d'un trou conique qu'on remplit soit de plomb, soit d'un alliage fusible. Lorsque le niveau de l'eau découvre ce bouchon le métal entre en fusion, la vapeur se précipite dans le foyer et éteint le feu.

Indépendamment de ces appareils de sécurité, chaque chaudière de locomotive est encore munie d'un niveau d'eau, de robinets d'épreuve et d'un manomètre.

Pour signaler tous les mouvements des machines et l'approche des trains on se sert du sifflet à vapeur. Il consiste en une cloche en bronze portée sur une tige verticale et dont les bords taillés en biseau sont placés à une petite distance au-dessus d'un vide annulaire très étroit, ménagé entre les bords d'un godet inférieur et d'un champignon en métal qu'il contient.

Le mécanicien peut admettre de la vapeur dans cet appareil au moyen d'une soupape. La vapeur s'échappe par la fente annulaire et en frappant contre les bords de la cloche produit un son qui s'entend de fort loin.

Dans plusieurs Compagnies, on emploie des sifflets à son grave pour les machines à marchandises et des sifflets à son aigu pour celles des trains de voyageurs.

*_**

Le mécanisme comprend les organes dans lesquels s'effectue le travail de la vapeur, et ceux qui sont destinés à transmettre aux roues motrices le mouvement produit.

Ce mécanisme est disposé soit en dedans, soit en dehors des longerons du châssis de la machine; d'où les machines dites « à mécanisme intérieur » et celles « à mécanisme extérieur ».

Les cylindres, généralement au nombre de deux, sont placés, soit au bas de la boîte à fumée, soit sur les côtés. Ils sont identiques entre eux, de même que leurs organes de distribution et de transmission.

Ils forment ainsi de chaque côté un moteur ordinaire dans lequel le travail alternatif de la vapeur sur chaque face du piston détermine le mouvement de celui-ci, qui est transmis par une bielle et une manivelle à l'essieu moteur de la machine. Souvent on est amené à accoupler l'essieu actionné directement par la bielle motrice, à un ou à plusieurs autres essieux.

On se sert pour cela d'une bielle d'accouplement reliant, extérieurement aux roues, les manivelles qui terminent chaque essieu.

Des excentriques calés sur l'essieu moteur mettent les tiroirs en mouvement. En outre, on prend la précaution de monter les deux manivelles qui actionnent cet essieu, de part et d'autre, de façon qu'elles fassent entre elles un angle de 90° ; cette condition est indispensable pour remettre la locomotive en marche quand on l'a arrêtée, par hasard, alors qu'une des manivelles se trouvait « au point mort », c'est-à-dire au point correspondant au moment où le piston est à bout de course dans le cylindre.

Les cylindres sont en fonte, et parfaitement alésés; les tiroirs en fonte ou en bronze. Pour permettre d'évacuer l'eau de condensation qui se dépose dans le cylindre, le mécanicien se sert de « robinets purgeurs ».

Les pistons sont formés de deux disques ou plateaux entre lesquels se loge une garniture en fonte, en bronze ou en acier; les tiges sont en acier tourné et poli. Les bielles et les manivelles sont en fer forgé ou en acier; elles sont à sections rectangulaires ou évidées, droites ou à fourche.

Les excentriques sont en fonte de fer ou en acier et la bague mobile qui les entoure est en bronze.

Les roues de locomotives sont ordinairement au nombre de six ou de huit. Elles se fabriquent habituellement en fer forgé. Les roues en fer con-

tinuent à jouir d'une préférence méritée sur les
roues en fonte des Américains.

Le bandage est une bague d'acier dont le profil
comporte le boudin ou saillie destinée à maintenir les roues sur les rails : il est fretté à chaud
et maintenu en outre par des boulons.

Les moyeux sont calés sur les essieux au moyen
de la presse hydraulique. Des clavettes en acier,
enfoncées à coups de masse, pénètrent, à la fois,
dans le moyeu et dans l'essieu.

Le tender.

Le tender est un véhicule invariablement relié
à la locomotive en marche, qui renferme l'eau et
le charbon nécessaires à l'alimentation de la machine. Autrefois, les tenders ne pouvaient emma-
gasiner que 5.000 à 8.000 litres d'eau; 1.000 à
3.500 kilogrammes de charbon. Cet approvisionnement permettait de parcourir 40 à 60 kilomètres
sans reprendre d'eau. Mais aujourd'hui que, pour
les trains rapides des grandes lignes, on a espacé
les points d'arrêt jusqu'à 200 kilomètres, il a fallu
créer des tenders de dimensions exceptionnelles,
pouvant contenir environ 16.000 litres d'eau et
5.000 kilogrammes de combustible et permettre
ainsi de faire de 130 à 155 kilomètres sans arrêt.

Les Américains ont imaginé une solution très
originale de la question d'alimentation. Pour éviter de surcharger leurs trains en augmentant la
capacité des tenders, ils les alimentent en route :
ils font courir le long de la voie, entre les deux
rails, un bac en tôle de 0^m20 de profondeur en-

viron, toujours rempli d'eau. Le tender est muni d'une trompe, que l'on peut, par un jeu de leviers, relever ou faire plonger dans le bac. Lorsque cette trompe est abaissée, son extrémité est complètement immergée, et la pression produite par le mouvement du train y fait monter l'eau, qui se déverse dans le tender. Le seul inconvénient de ce système est qu'il coûte fort cher d'installation et d'entretien ; c'est ce qui en a empêché l'extension.

Le tender est composé d'une caisse et d'un châssis. Le châssis, constitué à peu de chose près comme celui de la locomotive, reçoit, comme ce dernier, les appareils de chocs et de traction nécessaires à son attelage avec la locomotive, d'un côté, et avec les wagons, de l'autre. On obtient l'attelage avec les machines au moyen d'une barre rigide et de deux tampons en caoutchouc fortement serrés sur la traverse arrière de la locomotive. La caisse des tenders ordinaires est en tôle de 4 à 6 millimètres d'épaisseur et renferme la caisse à eau en forme de fer à cheval. On charge le combustible entre les branches et sur la partie supérieure de cette caisse.

On y introduit l'eau par deux orifices garnis de couvercles. La prise d'eau pour alimenter la machine se fait au moyen de deux soupapes placées à l'avant de chacune des branches du fer à cheval et communiquant avec deux tuyaux flexibles en caoutchouc épais, entourés d'une spirale en fil de fer et réunis à deux tuyaux semblables, adaptés à la machine, au moyen d'un joint étanche.

Le tender est muni d'un frein à main agissant

sur les roues, et il est complété par un ou plusieurs coffres à outils; il porte aussi une cloche ou un timbre destiné à faire communiquer à l'aide d'une corde le mécanicien avec le chef du train qu'il remorque.

Pour alimenter les chaudières des locomotives, on s'est servi pendant longtemps de pompes alimentaires.

A présent, depuis l'invention de Giffard, l'usage de l'injecteur s'est généralisé. Cet appareil projette l'eau d'alimentation dans la chaudière sous pression, grâce à un entraînement produit par un jet de vapeur. On a fait bien des modèles d'injecteur, et chaque administration de chemin de fer en applique de plusieurs types, mais tous sont basés sur l'injecteur primitif de Giffard.

Telle est la description sommaire de la machine et de son approvisionnement, dont nous empruntons les grandes lignes à l'excellent ouvrage de MM. Cerbelaud et Lefèvre : « *Les Chemins de fer* ».

Les wagons.

Aux débuts des chemins de fer, on critiquait avec raison le cahotement des voitures et leur détestable aménagement.

Les voitures de 1re classe appelées *diligences* présentaient un certain confort; en revanche les voitures de seconde classe, appelées *chars à bancs*, n'étaient fermées que par des rideaux de toile, et laissaient ainsi les voyageurs exposés à toutes les intempéries de la mauvaise saison; enfin dans les troisièmes, entièrement décou-

vertes, on grillait au soleil, en attendant qu'on fût
trempé par la pluie.

Aujourd'hui, l'aménagement des voitures varie
encore d'un réseau à l'autre, mais partout il présente une tendance marquée vers l'accroissement du confortable. Les premières classes contiennent huit places groupées deux par deux, ou
six places formant des fauteuils séparés par des

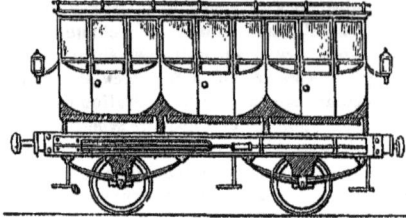

Voiture primitive de 1re classe (diligence).

accoudoirs. Cette dernière disposition, générale
en Allemagne et en Angleterre, présente une
évidente supériorité pour le voyageur; mais à la
condition que l'accoudoir soit mobile, car s'il en
est autrement, ce qui est assez souvent le cas, le
prétendu avantage résultant de la largeur plus
grande des places peut devenir un inconvénient
en empêchant le voyageur de disposer de la place
voisine inoccupée.

La garniture est en drap, en velours, en reps,
en d'autres étoffes plus ou moins luxueuses ou
même pour certains compartiments en peau ma-

roquinée. Le velours, très solide quand il est de
bonne qualité, est fort employé, surtout en Allemagne. Mais les sièges en velours sont d'un usage
assez désagréable et beaucoup de Compagnies
préfèrent le reps, ou mieux le drap gris brun,
rouge et quelquefois bleu foncé, comme dans la
plupart des voitures anglaises.

Le tracé des sièges et de leurs dossiers doit

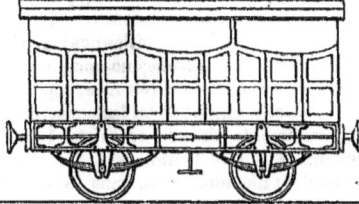

Voiture primitive de 2e classe (char à banes couvert).

être bien étudié en vue d'offrir un appui confortable à toutes les parties du corps.

Les banquettes sont recouvertes de coussins
garnis de crin et munis ou non de ressorts, comme
les sièges d'appartement. Sur la supériorité de
l'un ou de l'autre système, les avis sont très
partagés, mais il n'est pas douteux que, si les
ressorts des sièges sont trop élastiques, le buste
du voyageur est soumis à des oscillations verticales, et, comme les pieds restent immobiles sur le
plancher, il en résulte, à la longue, une fatigue
assez grande.

Les voitures de deuxième classe contiennent

huit ou dix voyageurs et, dans certaines exploitations, présentent tout le confort désirable, même pour un voyageur de nuit. La supériorité des secondes classes allemandes résulte des habitudes locales ; en Allemagne, en effet, ces voitures sont fréquentées par la grande majorité des voyageurs. En France et en Belgique, les deuxièmes classes comportent ordinairement des banquettes sans séparations, une garniture beaucoup plus simple et une réduction notable de confort.

Les troisièmes classes contiennent généralement dix places. Bien qu'elles ne comportent pas de garniture spéciale, on y retrouve, depuis peu, une recherche du confort dans l'isolement complet des compartiments, dans le tracé des bancs, la largeur des places et la dimension des fenêtres qui répandent abondamment, dans le compartiment, l'air et la lumière. Constatons, en passant, que les récentes voitures de l'État belge sont particulièrement remarquables sous ce rapport.

Aujourd'hui, certains chemins de fer d'Europe ont encore des voitures de quatrième classe, auxquelles nous ne nous arrêterons que peu, les dispositions qui y sont prises en vue de l'agrément et du confort étant à peu près nulles. Ce sont en général des wagons fermés, du même type ou à peu près que ceux employés au transport des marchandises ou du bétail, et qui n'offrent au voyageur peu fortuné que l'avantage d'un tarif extrêmement réduit.

En Allemagne, cette quatrième classe existe encore dans la partie septentrionale, et le tarif n'est guère que de deux pfennigs par kilomètre.

En Russie, on transporte ainsi, dans de véritables wagons à marchandises, au tarif de 2, 11 cen-
times par kilomètre, les ouvriers agricoles qui,
après avoir fait la récolte des céréales dans le Sud,
vont la recommencer dans le Centre. Il n'est pas
rare de voir, dans certaines journées de juin, jusqu'à cinq trains de 85 wagons, à 40 voyageurs de
quatrième classe. Ajoutons enfin qu'il existe sur
beaucoup de lignes de banlieue, des trains spé-

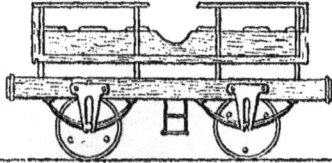

Voiture primitive de 3e classe (char à bancs découvert).

ciaux d'ouvriers, et qu'on tend partout à leur
donner le confort habituel des voitures de troisième classe. La Compagnie transatlantique fran-
çaise a même construit, en vue du transport spécial des émigrants, de grandes voitures à bogies,
à onze compartiments de dix places, avec des filets
ou hamacs, dans lesquels peuvent être placés les
enfants.

Le dernier degré du confort est représenté par
les coupés-lits et les wagons-lits.

Les wagons-lits proprement dits sont aménagés de manière à être transformés la nuit dans
leur entier. Originaires de l'Amérique, où ils se
sont imposés depuis longtemps, par suite de la

longueur exceptionnelle de certains trajets, ces
« sleeping-cars » sont toujours des voitures à inter-
circulation, et dans la plupart d'entre eux les lits
sont disposés sur deux étages, afin de gagner de
la place.

Dans le wagon américain, le couloir est ordinairement central et les sièges sont disposés sur

Wagon-restaurant.

les longs côtés du véhicule. Les lits inférieurs,
sont disposés sur ces sièges; les lits supérieurs,
dissimulés dans le plafond pendant la journée,
sont abaissés et maintenus par des verrous pendant la nuit; de simples rideaux les isolent du
couloir, et toute la caisse est transformée en un
vaste dortoir. Parfois un compartiment isolé est
réservé aux dames.

Un autre type connu sous le nom de *sleeping-
car-boudoir* de Mann, est à couloir latéral. Cha-

que compartiment séparé contient deux à quatre
lits et constitue une petite chambre, close par une

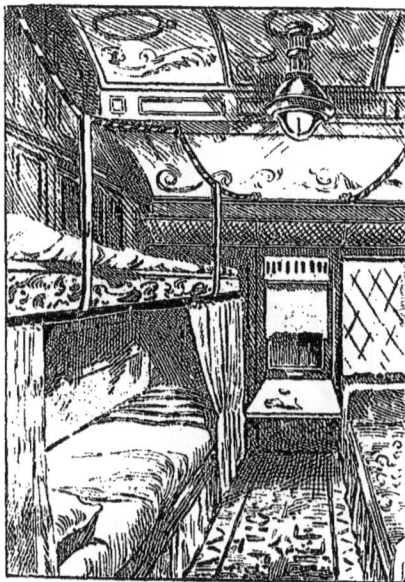

Compartiment des wagons-lits aménagé pour la nuit.

porte, dans laquelle les voyageurs peuvent s'isoler en petits groupes.

Aux extrémités du véhicule sont disposées les

installations accessoires communes à toute la
voiture. Les lits sont placés transversalement, et
les literies disposées dans les banquettes de jour;

Cabinet de toilette dans un compartiment de wagons-lits.

le lit supérieur est accessible par un escabeau.
Chaque compartiment est muni de tables, filets,
patères, etc. C'est ce type qui a généralement
prévalu en Europe. En usage sur tous les réseaux,
il est généralement apprécié des voyageurs; quel-

ques-uns manifestent, à la vérité, une certaine
répugnance pour ces locaux exigus habités par
un public qui se renouvelle sans cesse, et redou-

Wagon-restaurant (salle à manger).

tent qu'ils ne servent à la transmission de certaines maladies; mais la plupart des voyageurs
montrent un absolu mépris pour les théories mi-
crobiennes, si l'on en juge par la vogue dont
jouissent les wagons-lits.

6

La nécessité de plus en plus pressante d'aller vite, et par suite de supprimer les arrêts inutiles, a amené la création de wagons-restaurants, dans lesquels on sert aux voyageurs des repas complets. Les wagons-restaurants comprennent une cuisine, un garde-manger, une glacière, un réservoir d'eau et un ou deux compartiments dans lesquels sont disposées des tables des deux côtés d'un couloir central réservé à la circulation des garçons de service.

Les derniers perfectionnements. — La vitesse.

En 1870, les locomotives encore généralement employées pour les trains express se rapprochaient toutes, plus ou moins, du type dit Crampton. Ce type de locomotive, dont le poids ne dépassait jamais 32 à 35 tonnes, est caractérisé par l'existence d'un seul essieu moteur, et par un mécanisme ayant son centre de gravité assez bas pour répondre à toutes les conditions qu'exigeait la traction à grande vitesse de trains légers dont le poids ne dépassait jamais 90 à 95 tonnes.

La locomotive Crampton suffisait aux besoins du service, car on ne songeait pas encore à créer des trains rapides, ni de longs convois de voitures de toutes classes représentant un poids énorme. Mais de nos jours, le développement des réseaux, l'augmentation rapide et incessante du trafic, l'introduction des voitures de deuxième classe dans la formation des trains express, enfin l'accroissement du poids des voitures occasionné par l'augmentation de confort, ont nécessité la création de nouvelles machines capables de remorquer, avec une aussi grande et même une plus grande vitesse, des trains dont le poids a presque doublé et dépasse 140 tonnes.

On a donc été forcé de modifier la construction des locomotives afin d'augmenter les deux éléments de leur puissance, à savoir leur effort de traction et leur adhérence.

On a obtenu le premier résultat en élevant la pression de la vapeur et en donnant de plus grandes dimensions aux cylindres.

De là, la nécessité d'avoir de grands foyers pour les chaudières, des grilles plus grandes, des tubes plus longs, et finalement, augmentation du poids de la machine.

On est ainsi arrivé à construire des locomotives à grande vitesse qui pèsent jusqu'à 45 tonnes, et peuvent développer un effort de traction de 4.000 kilogrammes et plus.

Cette augmentation considérable de poids a eu naturellement pour conséquence d'accroître l'adhérence de la machine; mais ce qui a permis surtout d'augmenter l'adhérence, c'est la révolution capitale qui s'est faite dans la construction des locomotives, par l'abandon définitif de l'essieu indépendant, et l'accouplement de deux essieux au moyen de bielles, de manière à utiliser le plus grand poids adhérent possible sans charger la voie outre mesure.

Dans les machines Crampton, le poids adhérent ne pouvait dépasser 16 tonnes; aujourd'hui il a pu être doublé, grâce aux deux essieux moteurs.

D'autre part, on a fait de tels progrès dans la

fabrication de l'acier que la nécessité d'augmenter la résistance des pièces sans trop les alourdir, a amené la substitution générale de l'acier au fer.

. **

La qualité primordiale des chemins de fer, leur raison d'être essentielle, c'est la rapidité, la vitesse.

La question de la vitesse sur les chemins de fer est une de celles qui intéressent le plus directement le public. Aucune question cependant n'est plus mal connue, malgré les études intéressantes publiées par un spécialiste, M. Varennes. On confond à chaque instant dans la conversation, dit-il, dans les articles de journaux, même techniques, la vitesse commerciale avec la vitesse moyenne ou avec la vitesse réelle, et l'on formule ainsi des chiffres de pure fantaisie.

Ce qui augmente encore la confusion, ce sont les noms de rapide, express, malle des Indes, dont sont qualifiés certains trains. Ce sont là des mots ronflants, mais rien que des mots ; car l'express de telle Compagnie est souvent plus rapide que le « rapide » de telle autre, et le train dit de la malle des Indes n'a jamais été depuis sa création et n'est pas encore aujourd'hui le plus rapide de tous, comme nous le verrons plus loin.

Il n'y a pas d'autre moyen pour connaître la rapidité d'un train que de la calculer. Une simple règle de trois fournit le rapport entre la distance parcourue et le temps employé à la parcourir, c'est-à-dire la vitesse.

Il existe trois sortes de vitesse :

1° La « vitesse commerciale » qui représente la rapidité réelle du transport depuis le point de départ jusqu'au point terminus, sans tenir compte des stationnements ; c'est une moyenne des temps de marche et de stationnement ;

2° La « vitesse réelle de marche » qui représente la rapidité réelle de la translation à chacun des instants de la marche ;

3° La « vitesse moyenne de marche » qui représente le temps employé pendant la marche en défalquant du temps total le temps des stationnements.

Quand on veut comparer les vitesses de différents trains, on doit, pour que la comparaison soit consciencieuse et rationnelle, s'imposer plusieurs conditions.

D'abord, il faut que les lignes parcourues par les trains comparés soient équivalentes comme profil et comme tracé : on ne peut comparer la vitesse de deux trains dont l'un roule à plat dans la vallée du Rhône et dont l'autre grimpe au milieu des montagnes du Cantal. Ensuite, il faut éliminer les pertes de temps provenant du nombre et de la durée des arrêts : deux trains qui mettent le même temps pour parcourir cent kilomètres, l'un sans s'arrêter, l'autre en s'arrêtant dans deux ou trois gares intermédiaires, marchent évidemment à des vitesses bien différentes.

On est ainsi conduit à employer pour terme de comparaison la vitesse moyenne de pleine marche, qui s'obtient en défalquant du temps total : 1° la durée des stationnements ; 2° deux minutes par arrêt. Ces deux minutes ajoutées au temps du stationnement représentent le temps perdu pour le démarrage au départ et pour l'amortissement de la vitesse à chacun des arrêts intermédiaires. Il devient ainsi possible de comparer consciencieusement des trains qui n'ont ni le même nombre ni la même durée d'arrêts mais qui parcourent des lignes équivalentes comme profil et comme tracé.

En France, toutes les lignes de l'ancien réseau construites avant 1860 ne comportent que des courbes de très grand rayon et ne présentent pas de fortes rampes; elles sont pratiquement comparables.

Si l'on considère le train régulier le plus rapide de chacune des Compagnies françaises et que l'on calcule sa vitesse moyenne de pleine marche, on obtient le classement suivant :

Au 1er rang : le Nord, qui fait 85 kilomètres à l'heure;

Au 2e rang : l'Orléans, qui fait 79 kilomètres à l'heure;

Au 3e rang, ex-æquo : l'Est, le Midi, le P.-L.-M., qui font 78 kilomètres à l'heure;

Au 4e rang : l'Ouest, qui fait 67 kilomètres à l'heure.

Le record de la vitesse sur rails que détenaient depuis l'origine des chemins de fer nos voisins d'outre-Manche vient donc de passer en France, grâce aux progrès incessants réalisés dans la traction des trains par la Compagnie du chemin de fer du Nord.

Depuis peu, en effet, la distance de Paris à

Amiens — 131 kilomètres — est couverte en 1 heure
15 minutes, soit une vitesse *moyenne*, entre gares,
de 92 kilomètres 470 mètres à l'heure, moyenne
qui nécessite une vitesse *réelle* voisine de 120 kilomètres à l'heure, sur les parties faciles de la ligne.

L'Angleterre n'arrive plus qu'au second rang

Le « *Flying Scotchman* », près d'York.

avec son train d'Écosse le *Flying Scotchman*, qui
est entraîné à une vitesse moyenne de 90 kilomètres 400 mètres entre Grantham et York, les
deux points extrêmes de la section sur laquelle
son allure est la plus rapide.

La vitesse moyenne de 92 kilomètres 470 mètres
à l'heure n'est pas une vitesse de train d'expérience, c'est la vitesse journalière, réalisée en
service ordinaire, d'un train de voyageurs de la

Compagnie du Nord, et le résultat est obtenu avec
tant de facilité que, dans un avenir très proche,
les autres trains du Nord actuellement moins rapides pourront avoir leurs horaires établis conformément à ce train-type.

Telle est la conséquence de la mise en service
d'une série de locomotives Compound à quatre
cylindres créées par M. du Bousquet, l'éminent
autant que modeste. ingénieur en chef de la traction de la Compagnie du Nord.

C'est en 1890 que, devant l'accroissement simul-
tané de charge et de vitesse des trains qui rendait
les machines à grande vitesse du type « outrance »
insuffisantes, M. du Bousquet adopta pour ses
locomotives le système Compound qui devait présenter le triple avantage d'une meilleure utilisation de la vapeur, de la division de l'effort moteur
sur deux essieux et de l'équilibre entre les pièces
du mécanisme animées de mouvements alter-
natifs.

Deux machines furent d'abord construites et
mises en service et, à la suite des excellents résultats obtenus, la Compagnie du Nord décida la
construction d'une série de cinquante locomotives analogues.

Locomotive à grande vitesse de la Compagnie du Nord.

CHAPITRE IV

ADMINISTRATION.

Finances. — Frais d'établissement. — Tarifs. — Trafic. Recettes. — État ou Compagnies?

Que le lecteur se rassure : nous ne songeons nullement à hérisser de chiffres ce modeste petit livre, d'autant que si nous tentions de le faire, nous resterions toujours fatalement incomplet. Aucun traité technique, si développé qu'il soit, n'a pu, en effet, jusqu'à présent donner un compte rendu vraiment général de tous les éléments financiers en cause, pour cette excellente raison que chaque État, chaque Compagnie, se trouvant dans des conditions d'exploitation différentes, a des usages, des modes d'administration différents.

Mais il est cependant un certain nombre de questions financières qui jouent un rôle essentiel dans le vaste organisme des voies ferrées et dont nous ne pouvons nous abstenir de parler, si nous voulons donner de cet organisme une esquisse quelque peu fidèle.

Il faut envisager surtout trois de ces questions: 1° celle des frais d'établissement; 2° celle des

tarifs et du mode général d'exploitation ; 3° celle
du monopole de l'État préférable ou non au
régime des Compagnies.

Frais d'établissement.

Il est très difficile de les fixer avec quelque
exactitude. On conçoit aisément, en effet, que,
tant d'éléments divers concourant à les déterminer, une base universelle de leur estimation soit
inexistante. Et ces éléments ne résultent pas seulement des difficultés matérielles, — au sujet
desquelles on trouvera, au chapitre où nous parlons du railway congolais, d'intéressantes indications, — mais des côtés les plus divers de la vie
sociale. Ici la main-d'œuvre est plus élevée, là
les matériaux sont plus chers, ici, le travail est
rendu meilleur marché par suite de circonstances
accidentelles, là, une crise industrielle a rendu,
pour un temps plus ou moins long, telles et telles
acquisitions difficiles. Comment, dès lors, tenter
de trouver une règle absolue? Les approximations
ne permettent que de donner une idée des frais
d'établissement.

De chiffres officiels recueillis en Allemagne, on
a tiré le tableau suivant :

Coût d'établissement des chemins de fer des différents pays.

N°s d'ordre	PAYS ET GROUPES DE LIGNES	ÉPOQUE auxquelles se rapportent les renseignements concernant les capitaux d'établissement	LONGUEUR	CAPITAL D'ÉTABLISSEMENT			
				TOTAL EN MILLIONS		PAR KILOMÈTRE	
			kilomètres	marks	francs	marks	francs
	EUROPE						
1	*Allemagne :* Tout le réseau.............	Année d'exploitation 1895-1896	45.479	11.407.000.000	14.259.000.000	252.153	315.191
2	*Autriche-Hongrie :* Tout le réseau.............	Année sociale 1895	29.871	6.174.000.000	7.717.000.000	219.646	273.559
3	*Hollande :* Chemins de fer hollandais...	Année sociale 1895	1.252	112.000.000	140.000.000	482.581	603.226
4	*Belgique :* Grand Central belge........	Année sociale 1895	615	114.000.000	143.000.000	198.154	247.692
	État belge.................	1895	3.321	1.141.000.000	1.426.000.000	343.571	429.464
5	*France :* Lignes principales..........	Année sociale 1895	36.296	12.471.000.000	15.589.000.000	343.782	429.738
6	*Suisse :* Chemins de fer suisses......	Année sociale 1895	3.596	946.000.000	1.183.000.000	263.917	328.646
7	*Grande-Bretagne, Irlande :* Tout le réseau.............	Année sociale 1895	34.090	20.022.000.000	25.027.000.000	587.328	734.160
8	*Russie :* Tout le réseau.............	Année sociale 1895	35.822	6.011.000.000	8.630.000.000	195.685	244.569

	Tout le réseau............	1895				
	Suède : Année d'exploitation					
	Chemins de fer de l'État....	1895	3.360	334.000.000	417.0'0.f00	103.006	127.620
	— privés......	1895	6.922	364.000.000	455.000.000	59.470	73.030
11	*Italie :* Les 9 lignes : Novara Pino, Parma-Spécia, França-Florenz, Gozzano-Domodossala, les chemins de fer secondaires de Giovi, Sondrio-Chiavenna, Arezzano-Roccasecca, Benevent-Avellino et Zecco-Como......	Année sociale 1894	514	120.000.000	150.000.000	229.206	286.508
12	*Roumanie :* Tout le réseau.............	Année sociale 1895	2.741	501.000.000	626.000.000	162.920	218.650
13	*Serbie :* Tout le réseau.............	Année sociale 1895	540	89.000.000	111.000.000	165.130	206.413
14	*Bulgarie :* Chemins de fer de l'État....	Année sociale 1895	552	75.000.000	94.000.000	135.038	168.709
15	*Espagne :* Tout le réseau.............	Année sociale 1889	9.774	2.273.000.000	2.841.000.000	232.504	290.630
16	*Pays-Bas :* Tout le réseau.............	Année sociale 1893	2.681	574.000.000	718.000.000	215.614	269.518
17	*Danemark :* Tout le réseau.............	Année sociale 1893	2.070	223.000.000	278.000.000	107.200	134.000
	TOTAL ET MOYENNE...		219.439	64.014.000.000	80.018.000.000	291.718	364.648

Ce tableau demande quelques commentaires: il indique pour les chemins de fer de l'Europe, qui ont coûté plus cher que ceux des autres parties du monde, à cause de leurs installations à double voie, des mesures de sécurité qui y ont été appliquées, etc., etc., une dépense moyenne de 291.718 marks (364.647 fr. 50) par kilomètre. Cette somme est inférieure à celle qui résulte des calculs des années précédentes, laquelle est de 311.700 marks (389.625 fr.). Mais elle est en tout cas plus près de la vérité, parce que les chemins de fer mis en exploitation dans ces dernières années sont en majeure partie d'une importance moindre que ceux qui ont été construits antérieurement.

Pour les autres parties du monde, les chiffres relevés donnent une dépense moyenne un peu inférieure à celle des années précédentes pour les frais de premier établissement du kilomètre de voie, soit 151.762 marks (189.702 fr. 50, au lieu de 153.531 marks (191.913 fr. 75).

Pour les 257.203 kilomètres de voies ferrées de l'Europe, les frais de premier établissement s'élèvent donc à :

$$291.718 (364.647,50) \times 257.203.... = 75.030.744.754 \text{ m. } (93.788.430.942 \text{ fr. } 50)$$

et pour les 457.795 kilomètres de voies ferrées des autres parties du monde à

$$151.762 (189.702,50) \times 457.795... = 69.475.884.790 \text{ m. } (86.844.855.987 \text{ fr. } 50)$$

Par conséquent, le capital de premier établissement des chemins de fer exploités fin 1896, s'élève à .... 144.506.629.544 m. (180.633.286.930 fr.)

soit, en chiffres ronds, à 144 milliards 1/2 de marks (180 milliards 1/2 de francs).

Pour donner une idée de ce que représente pareille somme on peut se la figurer en un rouleau de pièces de 20 marks (25 fr.) qui aurait 10.115 kilomètres de long et qui, pour être transporté, exigerait environ 5.800 wagons de chemin de fer d'un tonnage de 10.000 kilogrammes.

Qu'on ne s'étonne pas de ces résultats colossaux : un statisticien a calculé qu'en supposant une moyenne de sept agents par kilomètre, ce qui est peu, on arriverait à une population de *5 millions* d'âmes, qui, sur la surface de notre planète, serait exclusivement occupée à l'exploitation et à l'administration des voies ferrées. Or, en Allemagne, — pays excellent à prendre comme exemple en pareille matière, parce qu'il est essentiellement le pays de chemins de fer d'État ; — en Allemagne, disons-nous, le nombre total des agents de chemin de fer est de 442.416, soit un agent de chemin de fer sur 118 habitants de l'Empire, environ !

Depuis la mise en marche de l'humble *Fusée* de Stephenson, que de chemin parcouru! Et que l'on n'oublie pas qu'au moment où nous écrivons, des kilomètres et des kilomètres de voie sont encore en construction, ainsi que des milliers de machines...

Tarifs. — Trafics. — Recettes.

Le prix de revient des transports n'est pas facile à établir : il faut tenir compte d'éléments si divers et si variables : l'utilisation, le salaire, le rendement du personnel, le prix du matériel et du combustible, l'importance et la nature du trafic. Il faut, dit M. Lefèvre, répartir entre les transports exécutés les dépenses afférentes aux éléments variés qui interviennent dans leur exécution, et cette répartition se fait toujours un peu approximativement.

M. Baum, un ingénieur spécialiste des plus distingués, est l'auteur du travail statistique le mieux fait sur la matière. Il est arrivé à une conclusion d'apparence assez inattendue, mais qui avait été prévue déjà par plusieurs de ses confrères : l'égalité du prix de revient du *voyageur-kilomètre* (transport d'une personne à un kilomètre de distance) et de la *tonne-kilomètre* (transport d'une tonne de dix mille kilogrammes de marchandises à la même distance). La véritable unité de trafic, au point de vue de la simplification des calculs, est donc actuellement la tonne-kilomètre.

Quant au prix de revient envisagé en lui-même, il comprend les charges du capital d'établissement et les frais d'exploitation.

On se contente généralement de calculer en bloc le prix de revient de l'unité de trafic, en réduisant par exemple en unités tous les transports d'une année et en divisant par le total obtenu la somme des dépenses y compris l'amortissement de capital. En divisant par le même nombre la recette totale, on obtient la recette par unité.

Le prix de revient s'abaisse naturellement lorsque l'importance des transports augmente, parce

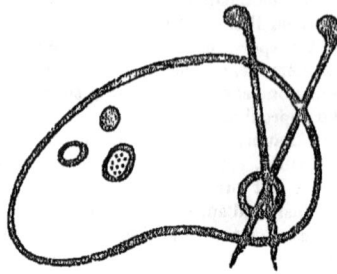

Original en couleur

NF Z 43-120-8

Le Viaduc de Garabit. (Cliché Neurdein frères.)

qu'il contient une série d'éléments constants, tels que l'intérêt des capitaux et les frais d'administration, et puis parce que certaines charges n'augmentent pas proportionnellement au trafic, tels les frais d'entretien de la ligne. A part cela, le prix de revient est très variable, ainsi il diminue lorsque le retour du matériel est utilisé, lorsque la nature de la marchandise facilite le chargement, etc., etc. C'est en somme la même diversité d'éléments que nous signalions plus haut à propos des frais d'établissement. Et cette diversité a naturellement son contre-coup dans la fixation des tarifs. Qu'il s'agisse d'ailleurs de transport de marchandises ou de celui des voyageurs, la question demeure la même : l'homme la chose sont égaux devant le chiffre, constatation humiliante en l'espèce pour la vanité humaine. Le voyageur est une marchandise qu'on transporte dans des conditions spéciales. La seule différence effective qui existe entre cette marchandise et toutes les autres, c'est qu'on ne l'évalue pas au poids, mais par unité de compte.

Voici, au sujet du prix de revient du transport des voyageurs sur les principaux réseaux du globe, un tableau patiemment dressé par M. H. Bonneau, chef d'exploitation des chemins de fer de *Paris-Lyon-Méditerranée*, dans sa remarquable *Étude sur les chemins de fer français*, que nous aurons bientôt le devoir de citer à propos de la question du monopole de l'État.

7

PAYS	EXERCICE CONSIDÉRÉ	POPULATION	NOMBRE DE KILOMÈTRES en exploitation	TOTAL des VOYAGEURS	RECETTES des VOYAGEURS	NOMBRE de VOYAGEURS		PARCOURS MOYEN D'UN VOYAGEUR	RECETTE MOYENNE	
						par habitant	par kilomètre de voie ferrée		par voyageur	par voyageur kilométrique
		habitants	kilom.	voyageurs	francs	voyag.	voyag.	kilom.	francs	cent.
France { Impôt compris............	1894	38.343.192	39.024	356.023.357	459.000.000	9,31	.9.009	29,40	1,28	4,36
{ Impôt déduit............	1894				409.494.702				1,15	3,90
Grande-Bretagne et Irlande	1894	39.134.166	33.061	911.402.926	705.360.125	23,29	27.076	»	0,77	»
Allemagne...........	1892	49.428.470	42.205	483.407.808	441.109.209	9,78	11.454	24,27	0,91	3,76
	1893	»	42.736	»	462.848.850	»	»	»	»	3,70
Belgique { Ensemble des chemins de fer..	1894	6.341.958	4.770	96.938.777	64.293.680	15,29	20.323	»	0,66	3,13
{ Chemins exploités par l'État..	1894	»	3.289	74.773.172	51.369.532	»	22.734	21,92	0,69	3,13
Autriche...........	1892	23.895.413	14.605	84.924.407	95.928.351	3,55	5.815	30,09	1,13	3,13
Hongrie...........	1895	17.349.309	13.798	49.101.665	»	2,83	3.563	»	»	»
Italie...........	1892	30.158.408	13.671	51.447.293	110.485.691	1,71	3.763	43,67	2,15	4,92
Pays-Bas...........	1892	4.593.155	2.795	33.349.127	38.018.157	7,26	11.932	24,92	1,14	4,58
Suisse...........	1893	2.917.754	3.443	40.000.346	40.304.754	13,71	11.618	19,85	1,01	5,13
Russie...........	1891	97.807.399	31.194	32.602.944	139.795.871	039	1.117	103,05	4,29	4,16
États-Unis d'Amérique...........	1893	67.000.000	282.290	583.248.007	1.485.364.169	8,71	2.006	37,52	2,46	6,56
	1894									

Dans la plupart des pays du monde, les tarifs se divisent en deux catégories principales, la grande et la petite vitesse, que différencie non seulement la rapidité du transport, mais aussi l'importance de l'impôt. En France, l'État prend une part léonine, plus de 20 0/0, et le fait a de bien fâcheuses conséquences financières.

En effet, les tarifs ont sur les déplacements des voyageurs une influence très grande, bien supérieure à celle qu'ils ont sur le trafic des marchandises; on a pu constater cette influence très nettement, en France, lors de deux grands changements qui ont eu lieu dans les prix de transport des voyageurs : le premier en 1871, lorsque l'impôt sur la grande vitesse a été porté de 12 à 23, 2 °/₀, ce qui a augmenté de 10 °/₀ le prix des voyages; le second le 1ᵉʳ avril 1892, lorsque l'impôt a été ramené à son ancien taux de 12 °/₀, en même temps que des réductions de taxes considérables étaient consenties par les Compagnies; l'importance de la réduction totale résultant de ces réductions d'impôt et de tarifs a été d'environ 19 °/₀ (la taxe moyenne du voyageur kilométrique qui était de 0,0536 en 1891, n'était plus en effet que de 0,0433 en 1893, soit un abaissement de 19,2 °/₀).

Voyons ce qu'ont produit ces deux grandes modifications du prix de transport des voyageurs, faites en sens contraire :

Si l'on examine les chiffres des recettes de voyageurs, impôt compris et impôt déduit, on voit que les recettes impôt compris, c'est-à-dire les sommes payées par les voyageurs, n'ont pas été sensiblement influencées par l'augmentation du prix des voyages qui a eu lieu en 1871; *on a moins voyagé* et les sommes entrées dans les caisses des compagnies ont diminué du montant de l'impôt nouveau.

Lors de l'abaissement de prix du 1er avril 1892, le phénomène inverse ne s'est pas produit dans les mêmes conditions : les sommes dépensées en voyages par le public ont commencé par diminuer; elles ont été, en 1892, inférieures de 22 millions à celles qui avaient été dépensées en 1891; en 1893, le total des sommes dépensées par le public a repris sa marche ascendante, mais ce n'est qu'en 1894 que l'on a dépassé le chiffre de 1891.

On peut conclure de là qu'en France, au point où est parvenue la circulation des voyageurs, les abaissements de tarifs développent notablement les voyages, mais cependant pas proportionnellement à ces abaissements eux-mêmes.

Nous dirons, à propos de la statistique des accidents, pourquoi la Belgique en matière de chiffres constitue parfois un excellent étalon : il y a ici ce motif spécial que l'exiguïté du pays permet de travailler sur des nombres moins élevés, qui fatiguent moins l'imagination et la mémoire, et se traduisent en conclusions plus nettes. C'est ainsi que l'examen quelque peu attentif du tableau suivant, relatif au mouvement de l'exploitation des chemins de fer belges, permet mieux que tout autre, puisque les tableaux généraux n'existent guère, de se faire une idée d'ensemble de l'exploitation d'un réseau ferré :

		MOUVEMENT			RECETTES		
	Unité	1896.	1895.	Différences pour 1896.	1896.	1895.	Différences pour 1896.
Voyageurs.........	Voyage.	82.676.592	76.937.198	+ 5.739.394	52.877.800 11	50.411.389 43	+ 2.466.410 68
Tickets d'entrée....	Coupon.	1.823.936	1.712.339	+ 111.597	182.393 60	171.233 90	+ 11.159 70
Bagages	Quintal.	386.706	370.523	+ 16.183	1.723.496 17	1.635.394 68	+ 88.101 49
Petites marchand^{ses}.	Kilogr.	396.070.536	377.267.990	+ 18.802.546	10.498.126 21	10.015.816 71	+ 482.309 50
Grosses — .	Tonne.	31.512.816	29.729.055	+ 1.783.761	90.006.157 44	86.302.140 99	+ 3.704.007 45
Finances............	Group.	944.254	895.070	+ 49.184	269.436 18	256.026 72	+ 13.409 46
Équipages	Nombre.	1.029	1.557	+ 72	66.433 82	63.387 05	+ 3.046 77
Chevaux et bestiaux.	Expédition.	65.569	62.246	+ 3.123	1.640.378 72	1.568.324 88	+ 72.053 84
Produits extraord^{res}.	—	—	—	—	3.083.429 45	3.976.564 01	— 893.134 56
Ensemble................................					160.347.651 70	154.400.287 37	+ 5.947.364 33
Produits divers..					87.111 56	67.003 14	+ 20.048 42
Totaux......... fr.					160.434.763 26	154.467.350 51	+ 5.967.412 75

La tendance prédominante aujourd'hui dans la question des tarifs est une tendance à l'unification et à l'abaissement.

Depuis quelques années, l'application du tarif par zones (division du réseau en zones d'éloignement et payement d'un prix invariable pour chacune d'elles) en Hongrie, constitue une expérience concluante à ce sujet, et dont l'établissement général provoquerait une indéniable augmentation de trafic. Aussi toutes les administrations de chemins de fer, officielles ou non, ont-elles à l'étude des projets de simplification et d'abaissement. La mise en pratique de semblables mesures n'est pas chose facile, à cause du bouleversement qu'elle produit toujours, mais le résultat final est certain et peut être escompté d'avance. Même observation en ce qui concerne la diminution du nombre des classes.

Certains pays, comme l'Allemagne, conservent encore le nombre des classes de voyageurs primitif, c'est-à-dire quatre. D'autres sont déjà en train de réduire ce nombre à deux, comme la Belgique, et le mouvement des recettes s'en trouve sensiblement accru.

État ou Compagnies ?

Grave question, très souvent posée, et jusqu'à présent pas encore résolue : est-il préférable que l'administration d'un réseau ferré soit aux mains de Compagnies particulières ou bien confiée au monopole de l'État ? Elle n'est d'ailleurs que la question principielle de l'initiative privée opposée à l'action collective, et l'on conçoit dès lors le nombre d'arguments favorables ou négatifs qui ont été mis en ligne à ce propos.

Si aucune solution n'est intervenue en théorie, et si en pratique les résultats divers sont des plus contradictoires, cela tient peut-être tout bonnement à ce que le problème n'est pas susceptible d'être résolu généralement. *Vérité en deçà, erreur au delà :* selon les circonstances, l'exploitation privée est préférable à l'exploitation officielle, ou le contraire.

On a beaucoup argué de l'intérêt financier direct des Compagnies, qui les pousserait à l'économie et à la négligence de la sécurité et du confort des voyageurs. Cela peut être vrai dans tel cas donné, pour telle Compagnie mal administrée. Mais qui ne voit d'un seul coup d'œil, qu'on ne peut généraliser la thèse, sans tomber dans l'absurde ? En effet, l'intérêt véritable des Compagnies, « marchandes de distance », est de satisfaire leurs clients, et cet intérêt est nécessairement plus direct et plus vivace pour elles que pour l'État, qui, lui, n'a pas à craindre la comparaison et la concurrence.

Le pays où la question qui nous occupe est actuellement le plus discutée, c'est la France, où une certaine préoccupation politique s'y mêle: en effet, le personnel des chemins de fer français (environ 260.000 hommes) représenterait un appoint électoral important, s'il était soumis à la direction de l'État.

Pour en revenir aux généralités, il faut s'abstenir, répétons-le, de toute solution absolue.

Ainsi l'Empire germanique doit continuer à exploiter lui-même ses voies ferrées, parce que c'est pour lui un des plus puissants moyens de maintenir son unité.

Les États-Unis doivent à l'initiative de l'industrie privée leur merveilleux réseau de près de 200.000 kilomètres, et, pas plus qu'en Angleterre, le Gouvernement ne pourrait sérieusement songer à faire de l'exploitation des chemins de fer un chapitre du budget.

Dans ces pays d'activité individuelle, le rôle de l'État ne saurait être ainsi compris : conséquence naturelle de la race et du tempérament.

Par contre, d'autres nations où l'exploitation est mi-officielle, mi-privée, ont une tendance au rachat. Il en est ainsi en Belgique, où, non sans des tiraillements nombreux, deux Compagnies importantes viennent de disparaître.

En France, les conditions du rachat des concessions de chemins de fer sont l'objet de l'article 37 du cahier des charges des Compagnies ; cet article dit :

« A toute époque après l'expiration des quinze premières années de la concession, le Gouvernement aura la faculté de racheter la concession entière du chemin de fer.

« Pour régler le prix du rachat, on relèvera les produits nets annuels obtenus par la Compagnie pendant les sept années qui auront précédé celle où le rachat sera effectué : on en déduira les produits nets des deux plus faibles années, et l'on établira le produit net moyen des cinq autres années.

« Ce produit net moyen formera le montant d'une annuité qui sera due et payée à la Compagnie pendant chacune des années restant à courir sur la durée de la concession.

« Dans aucun cas, le montant de l'annuité ne sera inférieur au produit net de la dernière des sept années prises pour terme de comparaison.

« La Compagnie recevra, en outre, dans les trois mois qui suivront le rachat, les remboursements auxquels elle aurait droit à l'expiration de la concession, selon l'article 36. »

Nous ne voulons pas examiner ces difficultés clauses en détail, bornons-nous à faire observer que les recettes produites par l'exploitation d'un chemin de fer augmentent d'année en année jusqu'à la fin de la concession, et que, par conséquent, en cas de rachat, il serait plus loyal que l'État monopolisateur détermine dans son cahier des charges le montant de l'annuité à payer, en se basant non pas sur les recettes des années qui ont précédé celle du rachat, mais bien en supputant le produit éventuel des années à venir.

Toutefois, cependant, les chiffres calculés conformément au cahier des charges actuel sont tels, que le rachat général obligerait l'État à verser dans les trois mois aux Compagnies une somme qui dépasserait un milliard, et cela sans compensation, fait à juste titre remarquer M. Bonneau, puisque les annuités à payer jusqu'aux dates d'expiration des concessions seraient à peu près égales aux recettes nettes augmentées des garanties d'intérêt.

« Le rachat ne présenterait pas seulement l'inconviennent d'augmenter notre dette d'un milliard, écrit le savant ingénieur, et d'accroître ainsi les charges des contribuables de 30 millions par an ; il faudrait en même temps inscrire au Grand-Livre de la Dette, sous forme par exemple de 3 % amortissable, le capital énorme que représentent les obligations et les actions des Compagnies : l'annuité que l'État aurait à payer aux obligataires et aux actionnaires étant de 570 millions environ par an, c'est un capital de 19 milliards environ qu'il faudrait ajouter au Grand-Livre. »

Or les concessions prennent fin, le 31 décembre 1950, pour le chemin de fer du Nord ; le 20 novembre 1954, pour celui de l'Est ; le 31 décembre 1956, pour celui d'Orléans ; le 31 décembre 1956, pour celui de l'Ouest ; le 31 décembre 1958, pour le Paris-Lyon-Méditerranée ; le 31 décembre 1960, pour le chemin de fer du Midi ; et ainsi, entre 52 et 62 ans d'ici, l'État entrera en possession, sans bourse délier, d'un réseau qui rapporte près de 600 millions de recettes nettes !

On voit de la sorte que cette question des Compagnies est non seulement susceptible d'être tranchée différemment selon les pays, mais encore selon les époques. Sans compter que d'ici à un demi-siècle, dans un sens ou dans un autre, les conditions de la vie sociale, à l'allure dont nous marchons, se seront probablement encore profondément modifiées.

CHAPITRE V

Nous avons dit, au début, qu'une des principales difficultés de notre tâche est l'exiguïté
de notre cadre : il nous faut résumer toute une
bibliothèque en quelques pages, faire entrer dans
un petit volume l'essence de toute une encyclopédie technique. Il n'existe, en cas pareil, qu'une
seule façon pratique de procéder : c'est de simpli-
fier la méthodologie du travail. C'est pourquoi
nous avons compris la nécessité du présent chapitre, où viendront se grouper tous les renseignements importants, tous les faits présentant
quelque intérêt, qui n'ont pu trouver place dans
nos précédentes divisions, consacrées aux éléments essentiels de ce formidable mécanisme que
constituent aujourd'hui les chemins de fer.

Les procédés de traction.

La vapeur demeure jusqu'à présent l'agent de
traction par excellence sur les voies ferrées. On

en a perfectionné l'emploi, soit, comme nous l'avons vu, par les modifications apportées au dispositif de la machine (chaudière tubulaire, système compound, etc.), soit en faisant usage de combustibles nouveaux, dont le principal et le plus récent est le pétrole vaporisé, ou même solidifié par des procédés spéciaux. Ce système a, paraît-il, donné d'excellents résultats dans la Russie méridionale qui est, comme on sait, une région essentiellement pétrolifère.

Ce n'est pas qu'on n'ait tenté, fréquemment et depuis des années, de faire usage d'autres agents de traction à l'air comprimé, l'électricité, etc. Un railway à air a fonctionné il y a longtemps entre Paris et Saint-Germain, mais son exploitation n'a pas produit les avantages attendus. Ces moyens de traction doivent encore longtemps rester confinés dans le domaine des communications intra et suburbaines, où ils ont déjà obtenu quelques succès. Il faut citer notamment à ce sujet le métropolitain de Londres.

Quant à l'électricité, l'avenir lui appartient peut-être, mais le présent lui échappe certainement encore. Aucun essai, sur des lignes sérieuses, ne lui a en effet réussi incontestablement. On peut en dire toutefois que c'est un agent de choix pour les petites communications vicinales, mais on doit faire de grandes réserves pour les autres.

Cependant la question reste à l'étude. En Amérique surtout, on fait des plans « fort beaux sur le papier ». Récemment encore, une publication technique des plus autorisées, *Engineering Ma-*

gasine, faisait part à ses lecteurs d'un projet d'installation d'une ligne électrique, entre New-York et Philadelphie, qui transporterait les voyageurs d'une de ces cités à l'autre en 86 minutes, c'est-à-dire avec une vitesse de 242 kilomètres à l'heure !

Les spécialistes estimaient que ce projet n'offrait pas de difficultés techniques *insurmontables*. Ils reconnaissaient toutefois que le devis

Locomotive électrique de J.-J. Heilmann.

des dépenses serait énorme et pourrait être un obstacle à l'adoption du projet, qui coûterait 190 millions de dollars. L'estimation était établie sur le système dit « du troisième rail » avec des trains pouvant se succéder de trois en trois minutes d'intervalle.

Le courant de transmission pour les lignes devrait être de 19.000 volts à trois phases, et pour les machines productrices il faudrait un courant direct de 1.000 volts. Chaque station principale devrait avoir une capacité de trente mille chevaux et chaque sous-station de vingt mille chevaux.

Le trafic estimé sur la base de diverses voies aériennes et suburbaines s'élèverait par jour, dans les deux sens, à 187.040 voyageurs. C'est plus de quatre fois le trafic de toutes les voies de communication entre les deux villes.

En Europe, les dernières tentatives de grande traction électrique ont été faites par la Compagnie du Nord, sous la direction de MM. du Bousquet et Barbier avec la locomotive de M. J.-J. Heilmann. Elles n'ont nullement été concluantes comme semble le révéler leur appréciation technique publiée par l'*Industrie électrique* (livraison du 10 décembre 1897) et par la *Revue générale des chemins de fer* (avril 1897).

Voilà le point exact où en est la grande traction électrique à l'heure où nous écrivons. Nous ne pouvons terminer ce chapitre sans parler, pour mémoire, d'une innovation hardie, œuvre d'un travailleur obscur et convaincu, innovation paradoxale et qui cependant pourrait peut-être un jour servir de base à une transformation radicale des moyens de transport. Nous voulons parler du *chemin de fer glissant* qui fut l'un des « clous » de l'Exposition universelle de 1889.

A force d'ingéniosité et de patience, on était arrivé à amener à une application sinon pratique, du moins très appréciable, ce principe qu'un glissement qui réduirait au minimum le frottement serait préférable à l'usage de la roue. Et, pour atteindre ce but, une mince lame d'eau comprimée était introduite entre des patins qui supportaient les wagons et des rails à fond plat. Cela marchait, ou plutôt glissait vertigineusement,

mais les éléments incertains du problème: courbes,
croisements, traction, etc., demeuraient trop nombreux. Ce ne fut qu'une amusette, mais qui sait,
ne la verrons-nous pas reparaître, avec la navi-
gation aérienne et la télégraphie sans fil? Le pa-
radoxe d'aujourd'hui est si souvent, répétons-le,
la vérité de demain.

La doyenne des locomotives.

Ces puissantes machines, qui ont leur grâce et
leur beauté, ainsi que l'a très bien fait ressortir
le maître romancier J. K. Huysmans, ont aussi,
comme toutes choses humaines, leur jeunesse, leur
vieillesse et leur décrépitude. On a célébré en
Angleterre, en 1897, le cinquantenaire de l'une
d'elles.

Bien construite, bien réparée, bien ménagée
par celui qui la dirige, une locomotive peut en
général travailler, nous allions dire « vivre »,
pendant 25 à 30 ans. Or, il en existe une, une
seule, qui roule depuis 1847. Elle est incontestablement la doyenne de ses pareilles.

La *Cornwall*, c'est le nom de cette locomotive
extraordinaire, a été dessinée vers la fin de 1846
par Trevithick et montée, l'année suivante, aux
ateliers de Crewe, en Angleterre.

Le constructeur Daniel Gooch venait de lancer
sa *Great Western*, qui avait atteint aux essais
l'allure vertigineuse de 125 kilomètres à l'heure.

Trevithick construisit alors la *Cornwall*, dont
la chaudière se trouvait disposée sous les essieux
et dont les roues ne mesuraient pas moins de

2 m. 60 de diamètre. Mise en route sur le réseau du London and North Western Railway dans les premiers mois de 1847, elle marcha à la vitesse de 130 kilomètres, ce qui était vraiment merveilleux pour l'époque. Aussi la *Cornwall* fut-elle le clou de l'Exposition de Londres en 1851.

Et depuis lors elle n'a jamais cessé de circuler. Assurant le service entre Liverpool et Manchester, encore très solide et ne connaissant pas les détresses, elle a parcouru des millions de kilomètres sans accidents et l'heure de sa retraite n'est pas près de sonner.

Les chemins de fer de pénétration.

Il n'est pas besoin d'insister pour faire comprendre quelle immense importance ont, dans un temps où l'activité humaine tend sans relâche à élargir son champ, les voies ferrées comme moyen de colonisation et d'extension commerciale.

Le plus bel exemple qui en ait été donné au monde, est assurément le chemin de fer construit par l'initiative privée au Congo indépendant, entre Matadi et le Stanley-Pool. Pour mettre en lumière toute la valeur de cette œuvre rendue colossale par des difficultés sans nombre et en apparence insurmontables, il faut rappeler la configuration géographique du continent africain. Il se compose essentiellement d'un vaste plateau dont les versants, d'une obliquité en certains endroits abrupte, font aux cours d'eau qui y prennent naissance une marche semée de chutes, de cataractes, de rapides, etc. Le plateau africain abonde en richesses naturelles qui sont ou plutôt qui étaient rendues inexploitables et presque inaccessibles par cette configuration géographique. Le bas fleuve est navigable; pour le reste du trajet il fallait à grands frais de porteurs, lentement, périlleusement, par des passages quasi impraticables, véhiculer les produits divers et pondéreux de la région centrale. Devant cette situation, l'idée d'une voie ferrée germa dans quelques cerveaux audacieux et se transforma bientôt en un projet arrêté dont l'âme fut un officier belge, le colonel Thys. Ce projet fut plutôt mal accueilli, en principe, et très durement apprécié, non toutefois pour lui-même, empressons-nous de le constater, mais à cause de l'impopularité justifiée de l'État indépendant du Congo, au fondateur (1) duquel les braves gens ne pardonneront jamais les nombreux actes de barbarie et de spoliation accomplis en son nom dans un but de pur égoïsme personnel et financier.

Le colonel Thys.

(1) Léopold II, roi des Belges.

8

Cependant les premières études commencèrent en 1887. Elles furent pénibles. Débarqués à Matadi, les ingénieurs manquaient de tous les renseignements locaux si faciles à se procurer en pays civilisé : il n'existait aucun document, ni cartes, ni statistiques, ni indications géologiques. La latitude et la longitude des points terminus n'étaient même pas relevées. Il en résulta de grands retards et des erreurs de devis. Quand le travail effectif commença, on eut à surmonter un obstacle nouveau : le recrutement des travailleurs. Et malgré tout, malgré les rigueurs du climat, les folles fantaisies du terrain, kilomètre par kilomètre, la ligne avança.. lente et dure conquête de l'homme sur une nature ingrate et jalouse de ses opulences. Dix ans après, elle était achevée et inaugurée en grande pompe, au milieu des délégués de toutes les nations, en août 1898.

Non seulement en lui-même, car il comprend des travaux d'art des plus remarquables, notamment un pont fameux jeté sur l'Inkissi, et a coûté tant de peines et de sacrifices que l'on peut dire que chacune de ses traverses représente une vie d'homme, — non seulement en lui-même, mais à titre d'exemple, le chemin de fer du Congo constitue une des choses les plus gigantesques qu'ait jamais produites l'effort humain.

En effet, sa construction a montré tout ce que peut amener d'avantages l'établissement d'un chemin de fer de pénétration, et la manière dont sont récompensées l'énergie et la volonté déployées en une telle tâche. Dans un discours des plus précis, prononcé au Congrès colonial international,

Lancement du pont sur l'Inkissi (Congo).

réuni à Bruxelles en 1897, le colonel Thys a développé cette thèse en des termes qui condensent
admirablement la théorie des voies ferrées dites
« de pénétration ». Nous résumons ici ce discours qui constitue une haute leçon de politique
coloniale moderne et fait ressortir toute l'importance du chemin de fer dans les pays « neufs ».

Les difficultés de la construction d'un chemin
de fer dans un pays neuf, disait en substance, le
colonel Thys, se montrent, avec leur caractère
spécial, dès les premiers travaux de l'ingénieur.
Combien différente est, sous ce rapport, la situation entre les chemins de fer construits dans le
vieux monde où l'ingénieur, pour déterminer le
tracé sur le terrain, possède des cartes perfec-
tionnées, où les renseignements les plus divers
sur l'établissement des devis lui sont fournis avec
les prix de la main-d'œuvre et avec son rendement, où les statistiques le renseignent parfois avec
certitude et lui fournissent, dans tous les cas, toujours les éléments importants quant au trafic probable! Dans les pays neufs, l'ingénieur ne trouve,
pour ses travaux d'études, aucune de ces bases...

Il faut, autant que possible, et à moins que des
circonstances spéciales n'existent, adopter pour
les chemins de fer, aux colonies, l'écartement de
voie qui entraîne aux dépenses de construction
moindres, c'est-à-dire la voie étroite; étudier avec
soin les conditions de la main-d'œuvre, les déterminer par des essais d'une certaine importance,
et, même après avoir pris toutes ces précautions,
réserver prudemment, dans les prévisions de devis, une importante période de mise en train,

l'organisation d'un grand travail d'utilité publi-

Pont sur l'Inkissi (Congo).

que dans un pays neuf étant toujours longue et difficile.

Dès les travaux d'études, dès la rédaction des
devis, se pose la question de la main-d'œuvre.
Elle règne, impérieuse et souveraine, elle domine
toute la question de la construction, comme, d'ailleurs, la question coloniale elle-même.

En ce qui concerne cette matière, il ne saurait
être question de recourir à des vagabonds, à des

Station du chemin de fer de Matadi (Congo).

convicts ou à des déclassés. Tant que dans une
colonie la période d'organisation est encore ouverte, il ne faut que des caractères droits et des
volontés énergiques. Car les colonies d'aujour-
d'hui ne sauraient plus être des terres d'exil ni
de déportation, mais sont des terres nouvelles
préparées par l'activité d'une élite à l'industrie
et au commerce du monde.

Cette organisation de la main-d'œuvre a été,
comme nous le disions plus haut, la difficulté

peut-être la plus sensible de l'établissement du railway congolais.

Restait donc la main-d'œuvre indigène. Dans son organisation, le colonel Thys se déclare opposé à la main-d'œuvre forcée. Il croit possible et profitable d'adopter comme base des relations entre colonisateurs et colonisés, et cela même en raison

Gare de marchandises à Matadi (Congo).

des intérêts communs, la protection bienveillante d'une part, l'initiation progressive de l'autre.

Dans la construction du chemin de fer du Congo, quelles qu'aient été les difficultés rencontrées, on n'a, selon le colonel Thys, car le fait a été vivement contesté, jamais eu recours qu'au travail libre. Et, coïncidence intéressante, ce serait, comme l'a fait le général Annenkof pour le fameux railway transcaspien dont nous allons parler, en organisant le travail à la tâche que l'on est parvenu à des résultats décisifs.

Huit mille travailleurs venant de tous les points de la côte, sans agents recruteurs, librement, se présentant aux capitaines de steamers et adoptés comme libres passagers sur la production d'un certificat du médecin ; dans la région même, près de deux mille hommes, actuellement progressivement entraînés, embrigadés, habitués au travail, prêts à seconder, dès le chemin de fer fini, l'agriculture : tels sont les résultats de l'application judicieuse du travail à la tâche.

Ces faits, nous le répétons, ont été contestés, mais jamais on n'en a donné la preuve contraire. Ils conservent donc toute leur utilité de renseignements quant au système à instituer pour l'établissement de chemins de fer d'accès et de pénétration.

**

A côté du chemin de fer du Congo, il existe actuellement, réalisé, en réalisation ou en projet, trois types de railways analogues : le transcaspien, que nous venons de citer et qui est aujourd'hui terminé, le transsibérien et le transsaharien. Un quatrième viendra bientôt probablement s'y ajouter, le transsoudanien, qui mettrait en communication directe Alexandrie, la Basse-Égypte et la côte orientale africaine. La prise de Khartoum par les Anglais ne saurait manquer d'amener en effet un tel résultat.

L'analogie entre ces chemins de fer et le congolais est d'ailleurs plus apparente que réelle.

Les difficultés rencontrées par le général Annenkof et ses émules ne sont pas comparables, tout d'abord, à celles qui ont entravé et retardé M. Thys. Ensuite, le transcaspien et le transsibérien sont avant tout des voies *stratégiques*, dont, dans un but politique, on a exagéré l'importance commerciale. Il n'en est pas moins vrai que le grand mérite du général Annenkof, promoteur et exécuteur de l'œuvre, a été de montrer la route, d'être un précurseur d'une rare audace et d'une nonpareille initiative.

Ceci dit, on peut affirmer sans crainte d'erreur que le côté merveilleux du transcaspien réside surtout dans l'inconcevable rapidité de sa construction. La voie est sortie de terre comme poussent les champignons, et chaque jour le train chantier, portant les travailleurs, les ingénieurs, les outils, avançait de plusieurs centaines de mètres. Il faut dire que le général Annenkof disposait, tout en employant le travail à la tâche, d'une véritable armée, que tout était mené militairement et que la rareté relative des ouvrages d'art à établir, favorisait la célérité dans une grande mesure. Certains de ces ouvrages d'art ont cependant arrêté longtemps la marche. Aucun ne présente un grand caractère.

D'après les données que nous possédons, au moment où nous écrivons, le transsibérien entrepris par la Russie dans le but de relier l'Océan pacifique à l'Europe et qui comportera 10.500 kilomètres ne pourra être complètement mis en exploitation, sur toute son étendue, qu'en 1901.

Dans certaines régions formées de belles

plaines, le rail, contrairement à toutes les données actuelles, a été posé à même le sol, sur des
couches de sable, et la solidité en est parfaite.

Relativement à l'importance de la ligne, peu de
terrassements ont été nécessaires.

Le parcours de Saint-Pétersbourg à Vladivostock,
point extrême sur le Pacifique, s'effectuera en neuf
ou dix jours, gagnant ainsi quinze jours sur le
trajet actuel par la mer Rouge et l'océan Indien.

De plus, les escales seront évitées, escales dan-
gereuses, à coup sûr : Bombay, Calcutta et Hong-
Kong, où la peste et le choléra règnent à l'état
endémique.

En ce qui concerne le prix du transport, il sera
modique. Il a été fixé déjà comme suit : 1re classe,
90 roubles ; 2e classe, 65 roubles ; 3e classe,
35 roubles.

Deux trains express circuleront hebdomadaire-
ment et un train mixte tous les jours. La vitesse
en sera faible et sur certains points du parcours
elle ne dépassera pas cinq à six milles à l'heure.

Cette ligne, si aucun conflit avec d'autres puis-
sances ne vient en empêcher l'achèvement, assu-
rera la prépondérance de la Russie en Chine et
sur les côtes du Pacifique.

Comme nous le disions plus haut, de même que
le transcaspien, le transsibérien est avant tout
une voie stratégique principalement destinée à
jeter, à un certain moment et en quinze jours de
temps, sur les points les plus menacés d'un empire immense, 200.000 hommes et les munitions
nécessaires à la défense ou... à la conquête.

Il faut toutefois constater que le transsibérien,

actuellement encore en pleine construction, est
cependant mieux et surtout plus solidement compris que son aîné, le transcaspien. Il possède deux
ou trois ouvragés très remarquables, parmi lesquels le pont sur l'Iénisséi.

De telles voies ferrées, improvisées pour ainsi
dire, coûtant fort cher d'entretien et nécessitant
de continuelles réparations, ne représentent,
comme bien on pense, aucun rendement commer-
cial sérieux. Il en serait autrement du transsaharien qui, lui, ne mettrait pas seulement la France
en communication stratégique avec ses posses-
sions du Sud, mais relierait les deux grands tra-
fics africains du Nord et de l'Ouest. Aussi est-il à
souhaiter que l'on arrive à lever les obstacles
qui se sont opposés jusqu'à présent à la réalisation
d'un projet si avantageux. Avec les deux railways
du Congo et du Sahara, l'Afrique barbare serait
définitivement et pacifiquement ouverte, cette fois.

Les accidents et les sinistres. — Leurs causes.

Toute médaille a son revers, et nous voici arrivé à un point lugubre de notre travail. Cette
prodigieuse organisation des chemins de fer uni-
versels n'a pu s'établir et fonctionner, et ne fonc-
tionnera jamais, sans que pour des causes diverses, inhérentes à l'imperfection de toute chose
terrestre, des accidents ne se produisent, plus ou
moins graves, occasionnés par la moindre erreur
et souvent par d'indéjouables combinaisons du
hasard.

En parlant des signaux, nous avons dit comment,

grâce à des perfectionnements ingénieux, les sinistres sont rendus presque matériellement impossibles. Il se peut néanmoins encore qu'un signal ne soit pas vu, ou qu'un signaliste manque à sa mission, si simplifiée qu'elle soit. Cela est toutefois fort rare.

Mais il est bien d'autres causes d'accidents. Elles ont été méthodiquement classées, et leur énumération même montre combien il est surprenant que, grâce aux précautions de tout genre, la fréquence des malheurs ne soit pas plus considérable sur cet immense réseau de voies ferrées qui enserre notre globe.

1° Déraillements. Ils ont pour origine :

a. L'état irrégulier des constructions;

b. La pose défectueuse de la voie ou sa déformation accidentelle ;

c. L'instabilité de la locomotive ou d'une partie du convoi.

Les déraillements ne sont plus aussi fréquents que jadis et ils pourront disparaître presque complètement le jour où on découvrira un véritable frein pneumatique. Le principe de ce frein devra être basé sur les chocs verticaux, de telle sorte que le moindre obstacle rencontré par la roue sur le rail arrête automatiquement et instantanément le train.

2° Ruptures d'essieux et de bandages de roues.

Accidents très fréquents: sur les rapports d'une seule grande Compagnie, on a constaté une moyenne annuelle de 40 à 50 essieux rompus.

3° Collisions. Elles tendent à diminuer de fréquence, à cause des mesures strictement et minutieusement prises, mais sont toujours les sinistres qui frappent le plus le public, par le grand nombre des victimes.

4° Explosions de machines.

5° Ruptures de ponts. Ces catastrophes ne sont pas rares en Amérique où l'on construit d'habitude des ponts provisoires en bois, qui se détériorent vite et parfois prennent feu.

Statistique des accidents.

On n'a jamais pu dresser une statistique vraiment complète des accidents de chemins de fer. Comme ils produisent toujours une grande émotion, trop d'intérêts sont mis en jeu pour que la vérité tout entière soit nettement dite quant au nombre des victimes, sinon des morts, du moins des blessés.

Les magistrats instructeurs connaissent bien toutes les difficultés d'une enquête sur des faits de ce genre. Un fait typique que relève M. Georges Grison : en 1853, à la suite d'une série d'accidents graves, le ministère français résolut d'instituer une Commission chargée d'examiner dans tous ses détails l'exploitation des chemins de fer et de chercher les moyens de créer de nouvelles garanties de sécurité. L'administration demanda aux intéressés les documents nécessaires et les mit en la possession des membres de la Commission susdite. Et ceux-ci reconnurent *l'impossibilité* d'arriver à des chiffres exacts... D'autre part, pour obtenir des conclusions sérieuses, il faudrait posséder *tous* les chiffres, et dans les premières années de l'exploitation des voies ferrées, certaines statistiques, — celles-là mêmes qui seraient les plus intéressantes, — manquent complètement.

Il faut se contenter d'indications partielles, et conclure que si le nombre des victimes paraît effrayant, il est en réalité fort minime, si l'on songe au nombre vertigineux de trains qui à chaque minute, partent, arrivent, traversent à toute vitesse les stations, les champs, les montagnes, et au nombre extraordinaire des voyageurs qu'ils transportent. Mais il faut résolument déclarer aussi qu'envisagé en dehors de toute comparaison atténuante, le nécrologe est formidable.

On ne possède donc que des renseignements statistiques incomplets, et pour en donner même la substance, il faudrait ce volume tout entier. Mais parmi ces renseignements, il en est qui sont intéressants par quelque détail. Ainsi l'une des plus curieuses statistiques qui aient été dressées en France est celle des années 1891, 92 et 93. Pour la première de ces trois années, on relève 82 accidents de trains et 1347 divers ; pour la deuxième, 97 accidents de trains et 1540 divers ; pour la troisième, 81 accidents de trains et 1550 divers. Or, cette dernière année, il a été transporté en France 288.077.679 voyageurs qui ont parcouru 9.243.210.049 kilomètres ! Ce qui donne à peu près 2 morts et 13 blessés pour 10 millions de personnes.

En 1894, l'Angleterre a vu 2.025 accidents qui ont tué 1.290 personnes et blessé 5.755. Le nombre des voyageurs transportés avait été de 507 millions ; cela fait une victime sur 72.000 personnes. Aux États-Unis, la proportion est multipliée par 8, pour des raisons toutes morales.

On comprend que d'une manière générale, l'agent et l'employé sont les plus exposés; ils vivent dans le danger. Or, en France, on compte un employé tué sur 4 victimes et un voyageur tué sur 7. Les statistiques des Compagnies avouent une proportion de 12 employés blessés et 4 tués sur 1.000.

Le nombre total des voyageurs en chemin de fer est évalué à 300 millions par an, et la longueur des lignes à 37 millions de kilomètres !

Autant qu'on peut en conclure d'après les renseignements que l'on possède, le chiffre *total* des accidents tendrait à demeurer stationnaire ou plutôt à fluctuer autour d'un point fixe, dans des proportions peu élevées. L'une année est bonne pour tel pays, l'autre mauvaise. Mais l'écart est bien rarement considérable.

Le dernier document publié en Angleterre (où la statistique est de loin le plus scrupuleusement comprise) est le rapport officiel de 1897. Il accuse précisément une recrudescence en comparaison de l'année précédente.

Les tableaux qui concernent les accidents survenus pendant la marche des trains (déraillements et rencontres), se traduisent par 34 morts et 476 blessés comparativement à 8 morts et 349 blessés en 1896. D'autres tableaux sont consacrés aux accidents causés par l'imprudence des agents ou des voyageurs, par les suicides ou tentatives de suicide. De ce chef, nous relevons 630 morts dont 115 voyageurs, et 1.637 blessés, dont 1.315

ANNÉES	LONGUEUR MOYENNE exploitée	NOMBRE TOTAL DES VICTIMES.			VOYAGEURS EMBARQUÉS	TRAINS-KILOMETRES	
		Tués.	Blessés ou contusionnés.	Ensemble.		VOYAGEURS.	VOYAGEURS et marchandises réunis.
1835	12	»	1	1	421.439	50.370	50.370
1836	36	1	»	1	871.807	147.805	147.805
1837	91	3	2	5	1.324.677	307.970	307.970
1838	203	5	11	16	2.238.303	648.775	648.775
1839	273	7	11	18	1.952.781	651.420	872.783
1840	325	9	9	18	2.199.319	655.367	1.181.105
1841	341	7	21	28	2.639.744	1.010.120	1.491.965
1842	399	7	7	14	2.724.104	1.170.050	1.589.090
1843	485	12	23	35	3.085.340	1.306.485	1.877.170
1844	560	12	23	35	3.341.529	1.632.155	2.485.305
1845	560	13	25	34	3.470.678	1.512.775	2.726.510
1846	560	15	27	42	3.760.111	1.624.325	3.262.110
1847	574	12	23	35	3.716.340	1.703.725	3.800.670
1848	595	11	15	26	3.639.005	1.506.840	3.830.985
1849	625						
à 1850	713	181	308	489	6.448.424	2.535.732	5.292.081
1857	745	25	33	58	6.640.948	2.045.734	5.320.131
1858	740	26	40	66	7.140.640	2.675.980	5.331.514
1859	746	27	34	61	7.412.311	2.830.890	5.530.587
1860	747	13	39	52	7.849.594	2.911.530	5.746.639
1861	749	24	55	79	8.131.685	3.076.146	5.998.242
1862	749	26	44	70	8.818.052	3.408.597	6.573.732
1863	740	33	45	78	9.421.632	3.741.405	7.466.774
1864	749	40	48	88	10.477.963	3.614.969	8.656.518
1865	749	70	75	145	11.637.417	5.971.382	10.037.620
1866	790	68	114	182	12.616.961	4.844.224	9.654.704
1867	862	70	79	149	13.824.334	4.817.081	9.248.807
1868	863	55	100	153	13.577.016	5.004.001	9.639.077
1869	863	65	74	139	14.134.350	5.177.104	9.874.316
1870	860	50	64	114			

voyageurs. 34 voyageurs ont été tués et 120 blessés en tombant entre les trains et les quais de débarquement, soit au départ, soit à l'arrivée des trains. L'empressement des voyageurs à descendre de voiture avant l'arrêt complet des trains a causé 11 morts et 661 blessures. 11 voyageurs ont été blessés et 23 tués en traversant imprudemment la voie dans des gares, 225 tués et 142 blessés en traversant les voies en pleins champs. Le nombre des suicidés des voies ferrées s'élève à

ANNÉES	LONGUEUR MOYENNE exploitée.	NOMBRE TOTAL DES VICTIMES.			VOYAGEURS EMBARQUÉS.	TRAINS-KILOMÈTRES	
		Tuées.	Blessés et contusionnés.	Ensemble.		VOYAGEURS.	VOYAGEURS et marchandises réunis.
1871	1.422	90	106	196	18.282.037	6.932.792	13.545.827
1872	1.470	101	157	258	23.197.023	7.369.473	15.323.278
1873	1.675	134	216	350	29.101.609	9.040.177	20.832.140
1874	1.929	122	248	370	32.444.823	9.579.797	21.349.364
1875	1.966	122	189	311	34.901.012	9.681.909	20.861.890
1876	2.053	131	255	386	36.913.707	10.024.442	21.424.913
1877	2.145	109	196	305	37.421.220	10.621.324	22.631.963
1878	2.441	124	208	332	40.391.240	11.561.529	23.420.671
1879	2.553	152	254	406	40.926.427	12.707.'89	25.499.296
1880	2.702	176	456	632	43.032.882	14.837.925	29.439.939
1881	2.841	202	589	791	43.950.022	16.227.096	32.751.849
1882	2.975	188	721	909	47.906.137	17.706.437	34.955.373
1883	3.045	140	554	694	49.637.644	16 606.592	33.847.939
1884	3.100	123	440	563	50.465.943	16.917.734	33.2.8.703
1885	3.144	128	459	583	51.233.724	17.516.859	33.224.545
1886	3.171	114	391	505	51.627.934	17.946.653	33.452.397
1887	3.188	97	458	555	54.064.304	19.400.744	35.261.905
1888	3.198	118	627	745	57.833.610	20.777.860	37.384.394
1889	3.207	141	924	1.065	59.957.199	21.548.450	39.033.328
1890	3.220	118	902	1.020	64.228.892	22.312.541	39.931.735
1891	3.241	131	902	1.033	67.433.178	22.129.544	39.849.543
1892	3.247	104	962	1.066	68.515.978	22.880.637	39.953.973
1893	3.250	108	913	1.021	70.960.902	22.954.881	40.397.767
1894	3.260	101	959	1.060	74.778.177	23.960.196	41.286.780
1895	3.270	121	1.186	1.307	76.937.198	24.810.341	42.632.870
1896	3.302	109	1.305	1.414	82.676.592	25.509.913	44.344.245
		4.191	15.986	20.177			

Tableau officiel des accidents de chemins de fer en Belgique.

132 et le nombre des tentatives de suicide non suivies de mort à 18.

En 1896, les agents des Compagnies n'avaient eu à subir que 447 morts et 3.986 blessures. La proportion s'est notablement élevée en 1897, elle est de 510 morts et 4.129 blessés.

En Belgique, où l'administration des Chemins de fer de l'État, bien qu'admirablement organisée, est fort attaquée pour des raisons politiques et où l'on considère la fréquence des accidents comme

9

considérable, le Gouvernement a fait publier le tableau officiel ci-contre, tableau qui n'a pas son pareil dans aucun pays et dont la valeur documentaire se trouve relevée par ces deux considérations : le tableau remonte à l'origine même des chemins de fer européens, dont la Belgique fut le berceau, et dans ce pays la presque totalité du réseau est exploitée par l'État.

Ainsi, en 1835, une personne périssait en Belgique pour 421.439 voyageurs ; en 1896, soixante-un ans plus tard, le nombre des voyageurs est de 82.676.592 et le nombre des victimes de 1.414. Cela résume admirablement tout ce que l'on peut dire de la statistique des accidents.

Le premier accident de chemin de fer.

Le premier, le tout premier en date des accidents de chemin de fer est survenu dans des circonstances peu connues et qui méritent d'être rapportées. C'était le 15 septembre 1830, le jour même où l'on inaugurait la ligne de Manchester à Liverpool, qui fut la première où l'on transporta des voyageurs. Le duc de Wellington, premier ministre, y assistait avec le fameux sir Robert Peel et un autre homme d'État, M. Huskisson, ancien collègue de William Pitt.

La locomotive, la célèbre *Fusée*, s'était arrêtée pour prendre de l'eau. M. Huskisson descendit pour jeter un coup d'œil sur l'ensemble du convoi. La machine revenait à la tête du train par une voie d'évitement: M. Huskisson ne la vit pas s'approcher, fut renversé par elle et eut la jambe broyée. Il expira quelques heures plus tard. L'é-

vénement produisit une grande émotion : toutes
les réjouissances furent contremandées et à partir
de ce jour Wellington refusa obstinément de se
servir du nouveau mode de transport. Ce ne fut
qu'en 1843 qu'il fit son premier voyage pour se
rendre auprès de la Reine, à Windsor.

Les principales catastrophes.

Nous l'avons dit plus haut: le nécrologe est
long. Aussi ne pourrait-on attendre de nous l'énumération, douloureuse et bien inutile, de tous les
accidents, même de quelque importance. Nous
allons ici parler des quelques sinistres qui ont
attiré l'attention universelle et retenu le souvenir
par des circonstances plus spécialement dramati-
ques ou des détails particulièrement navrants. Et,
bien que bornant ainsi notre tâche, elle nous con-
duira déjà fort loin.

La catastrophe qui est demeurée la plus célèbre,
non seulement parce qu'elle fut la première qui
mérita ce nom, mais à cause des scènes atroces
auxquelles elle donna lieu, survint sur la ligne
de Paris à Versailles, le 8 mai 1842.

Le train était parti de Versailles à 5 h. 1/2
du soir, ramenant une foule de voyageurs qui
étaient allés voir les grandes eaux. Le train était
remorqué par deux locomotives; en tête, une
petite à quatre roues suivie d'une grande à six
roues. En arrivant à la tranchée de Bellevue, la
petite locomotive perdit son essieu et alla se briser
contre le talus de la tranchée. La grande locomotive fut renversée et les cinq premières voi-

tures montèrent les unes sur les autres. Le coke
enflammé mit le feu aux wagons, et son intensité
était telle qu'un wagon fut dévoré par les flammes
en un quart d'heure. Ce qui augmenta encore le
désastre, c'est qu'en vertu d'une mesure régle-
mentaire alors en vigueur, les voyageurs étaient
enfermés à clef dans les voitures. Il était impossible de leur porter efficacement secours. Des
centaines de personnes étaient là, entassées les
unes sur les autres, et, emprisonnées dans les
flammes, poussaient des cris et des gémissements
effroyables.

On voyait, dit un témoin oculaire, des têtes et
des bras qui s'agitaient convulsivement. Le feu
prit une telle violence qu'on n'arrivait pas à
l'éteindre : il était impossible d'approcher, et l'on
se voyait obligé de regarder ces corps humains se
tordant dans les affres d'une épouvantable agonie.
Pendant que les premiers wagons étaient dévorés
par les flammes, des scènes non moins déchirantes
se passaient à l'arrière du train. On retirait des
décombres des cadavres et des blessés mécon-
naissables, et par tous les chemins, l'on transportait les victimes de ce désastre.

Leur nombre total fut de 164 : 69 blessés et 55
morts. Parmi ces derniers, étaient le fameux ami-
ral Dumont d'Urville, sa femme et son fils. Sin-
gulière destinée d'un explorateur qui avait fait
deux fois le tour du monde, que de périr d'une
semblable mort, à 51 ans, après avoir échappé à
tant de dangers.

Les détails les plus extraordinaires furent rap-
portés au sujet de cette catastrophe : une femme,

le buste passé par la fenêtre d'un wagon, faisait des efforts inouïs pour se dégager. Le feu l'atteignit, elle s'affaissa dans la fournaise, fondit comme une pelote de graisse! Un voyageur lancé par le choc hors d'une des voitures brisées, se trouvait appuyé, debout, contre l'une des clôtures de la

Tranchée de Bellevue (ligne de Versailles à Paris), où a eu lieu l'accident du 8 mai 1842 — A droite se voit la chapelle commémorative, dite de Notre Dame des Flammes.

voie. Il ne criait pas, ne portait aucune blessure apparente... Soudain, on le vit se baisser, saisir frénétiquement l'un de ses pieds qui ne tenait plus que par un lambeau de chair, l'arracher et le jeter au loin avec rage !

Quatre ans après, survint la catastrophe de Fampoux, sur la ligne du Nord.

C'était le 8 juillet 1846. A cette époque, les diligences et les voitures particulières prenaient place dans un train en se faisant hisser sur un truck. Le convoi était composé de vingt-huit voitures parmi lesquelles là diligence d'un sieur Guérin, la diligence de Lille, la chaise de poste du général Oudinot, la diligence des messageries de Valenciennes, six chaises de poste, puis des wagons de toutes classes.

En arrivant sur un remblai de 7 mètres de hauteur, au-dessus d'un marais bourbeux, près du village de Fampoux, dans le Pas-de-Calais, une partie du train dérailla et tomba dans l'eau. Le général Oudinot fut assez heureux pour s'en tirer sans une égratignure, le truck sur lequel était sa voiture étant resté suspendu à l'une des diligences. Il y eut quatorze morts et dix blessés grièvement.

La même année, sur la ligne de Lyon, un train resta en panne avec 500 voyageurs.

On demanda des machines de secours à Gisors et à Lyon.

Celle de Gisors arriva la première.

Le train se remit en marche, et près d'un tunnel, entra en collision avec la machine de Lyon qui venait à sa rencontre : 9 morts, 15 blessés.

Bien que moins tragique en ses conséquences, l'accident de Wolverton, survenu quelques années plus tard, frappe davantage l'imagination.

Le train-poste de Londres à Liverpool allait arriver à la station dite ci-dessus, quand le garde-voie, placé à 700 yards de la gare, fut pris d'un accès de folie subit, et s'avisa d'aiguiller un train sur une voie qui menait vers un dépôt de marchandises situé en avant de la gare.

Quand le mécanicien s'aperçut de la fausse direction, il était trop tard. En vain il renversa la vapeur avant de sauter à terre. Le train se précipita sur des wagons vides garés dans le dépôt. Sept voyageurs furent tués par la commotion, douze furent blessés.

Le 9 septembre 1855, un train bondé de voyageurs, arrivant à la gare Montparnasse à Paris, est aiguillé sur un train de marchandises : 9 morts, 12 blessés.

Le mois d'octobre suivant, à Moret, sur la ligne de Paris à Lyon, un train express prend en queue un train de bestiaux que l'humidité de la voie et le poids de son chargement avait ralenti outre mesure. La locomotive de l'express grimpe sur les trois derniers wagons, les réduit en miettes et reste suspendue sur ce monceau de débris. Malheureusement le fourgon de queue renfermait les malheureux conducteurs des bestiaux au nombre de vingt-six. Ils dormaient. La plupart passèrent du sommeil dans la mort.

Le wagon brisé se trouvait engagé sous le tender, et trois malheureux, atrocement blessés, étaient pris dans les débris. Ils restèrent dans cette situation pendant six heures, en attendant qu'on pût avec des crics démolir ou faire glisser les décombres.

En Espagne au mois de novembre 1864, un pont de la ligne de Saragosse se rompt, et le train qui passait est précipité dans la rivière ; même accident en Bohême.

En 1864, dans la nuit du 27 au 28 juin, à 1 h. 45, un train conduisant 500 émigrants fut précipité dans la rivière de Richelieu. Le pont sur lequel il s'était engagé était ouvert pour laisser passer un bateau. Le mécanicien, malgré les signaux qui lui furent faits, continua sa marche. Cet accident coûta la vie à 97 personnes, et il y eut 383 blessés. Détails particuliers : le mécanicien n'eut aucun mal, et dans une voiture renversée sens dessus dessous, personne ne fut ni tué ni blessé.

En 1868, le 20 août, le train portant la malle d'Irlande se dirigeait à toute vapeur vers Holy Sand, et était arrivé à un endroit où la voie a une pente de 11 millimètres, lorsque le mécanicien aperçut devant lui cinq wagons de marchandises descendant la pente par suite de la vitesse acquise. Ils venaient de la station suivante, où ils avaient été mal calés. Le mécanicien sauta à terre. Les wagons de marchandises étaient pleins de pétrole; ils prirent feu au contact de la locomotive et incendièrent les premiers wagons. Toutes les personnes qui y étaient enfermées à clé, suivant la mode du temps, périrent brûlées. Le mécanicien eut le temps et la force de détacher les sept dernières voitures.

La même année, à Carr's Brock, à 15 milles de Port-Jewis (U. S.), dans un endroit où la voie est en corniche le long d'une falaise de 200 pieds, hérissée de roches aiguës, un train de voyageurs est précipité en pleine nuit, déraillant par la rupture d'une barre d'attelage : 30 morts, 50 blessés.

On voit que toutes ces horreurs se ressemblent quelque peu, mais il faut porter tout particuliè-

rement son attention sur la diversité des causes.
Une de celles qui sortent le plus de l'ordinaire est
celle-ci : Un train renfermant 960 excursionnistes
roule vers les chutes du Niagara. En traversant un
ravin desséché, le mécanicien voit que le pont
en bois est en feu. Malgré ses efforts pour arrêter,
il ne le peut. La locomotive traverse le pont, mais
les neuf premiers wagons sont entraînés. Aux fenêtres, aux portières, des malheureux apparais-
sent, mutilés, baignés dans leur sang.

Les voitures brûlent! Seul, un wagon-lit a été
épargné. Les voyageurs qui y avaient pris place
se mettent à l'œuvre. En vain cherchent-ils, de
l'eau! Pas un puits dans les environs! Ils essayent
avec de la terre. N'ayant pas d'outils, ils creusent
le sol avec des couteaux, avec leurs ongles! Et ils
se rendent enfin maîtres du feu. Résultat : 200
morts, autant de blessés. La cause : une bande
de malfaiteurs qui avait mis le feu au pont pour
provoquer la catastrophe et dépouiller les victimes.

Nous arrivons, en respectant à peu près l'ordre
chronologique, à un désastre qui fait époque :
celui de la Tay. Il s'agit d'un train tout entier
disparu, escamoté pour ainsi dire.

En 1878, un pont splendide avait été construit
sur l'embouchure de la Tay, entre Édimbourg et
Aberdeen. Quatre-vingt-cinq travées développant
un tablier de 3.155 mètres de longueur faisaient
de ce pont géant une merveille.

Le 25 décembre 1879, un train s'engagea à sept
heures sur le pont. Il devait arriver à Dundee à
7 heures 15. *Il n'arriva jamais!* Quand on se

décida, après quelques heures d'attente, à aller à la découverte, on s'aperçut que la tempête, qui ce jour-là faisait rage, avait emporté 900 mètres du pont. Le train avait été précipité dans la mer d'une hauteur de quarante mètres avec une centaine de voyageurs.

Il nous faut abréger : c'est la monotonie dans l'horrible.

En février 1880, catastrophe de Clichy-Levallois. Par un temps de brouillard, à six heures du soir, deux trains se suivant se rattrapent et le dernier *télescope* (comme disent les Américains), c'est-à-dire fait entrer les uns dans les autres, les wagons du train précédent. Ce sinistre fit de grands ravages dans le monde des théâtres parisiens, le train en question transportant régulièrement les artistes qui, en grand nombre, habitent Asnières. Il y eut une douzaine de morts et d'innombrables blessés, et dans la presse furent dressés à cette occasion plusieurs réquisitoires contre la négligence administrative. On ne put cependant, après une minutieuse enquête, attribuer la cause du malheur qu'au brouillard qui avait empêché le premier train d'avancer avec une vitesse suffisante, et au mécanicien du second d'apercevoir les signaux de ralentissement qui lui étaient faits. Le mécanicien était d'ailleurs mort sur sa machine, dont l'état démontrait qu'il avait fait son devoir jusqu'à la minute suprême : serrage des freins, fermeture du régulateur, marche à contre-vapeur.

L'année suivante, le 9 septembre, eut lieu un des plus célèbres sinistres de ces derniers temps,

celui de Charenton. Le train omnibus venant de
Villeneuve-Saint-Georges se trouvait en gare de
Charenton quand le rapide de Lyon arriva sur
lui à toute vitesse. Le mécanicien démarrait à
cet instant : il chauffa à toute vitesse pour fuir
devant l'express et ainsi atténuer le choc. Mais
cette manœuvre, d'ailleurs fort intelligente, dut

Gare de Charenton.

être faite avec une telle violence qu'une chaîne
d'attelage se rompit et que trois wagons restèrent
en panne. Ils furent littéralement broyés par le
rapide, dont les voyageurs, eux, parmi lesquels
se trouvaient le frère du roi de Siam et sa suite,
n'eurent aucun mal.

M. Montjoyeux, qui était dans le train de Lyon,
a fait dans le *Figaro* du 6 septembre, une sensa-
tionnelle description de cet accident qui coûta la
vie à 26 personnes. Le nombre exact des blessés
ne fut jamais connu.

« Notre train ne bougeait plus, écrit M. Montjoyoux. Tandis que j'ouvrais la portière, sur le quai, les employés couraient. Déjà un homme étendu sur le trottoir... En un clin d'œil, je vis la locomotive toute droite, montée sur un wagon broyé. A l'entour, des débris d'autres wagons.

« A partir de cette seconde, les cris commencèrent, déchirants; il faut les avoir entendus pour savoir ce qu'une bouche humaine peut proférer de surhumain, d'inhumain. On doit garder cela toute sa vie dans l'oreille.

« J'étais le premier sorti du train. Les employés s'étaient élancés sur une partie de wagon projetée sur le trottoir gauche, et dans laquelle un homme hurlait.

« Nous parvînmes à le dégager. Il avait la tête en sang, un grand trou entre les yeux, les mains tailladées.

« En avançant vers la machine, à deux ou trois mètres, je vis sous les roues une femme repliée en deux sur elle-même, la tête aux pieds, toute noire de fumée et de poussière, — morte.

« Devant la machine, sous la machine plutôt, une montagne de décombres d'où montaient des cris de détresse, la voix des femmes dominant, plus perçante, plus pressante... On se mit au déblayage; le sang coulait, suintait à mesure que nous enlevions les morceaux de wagons, nous touchions des corps en loques. Les jambes étaient coupées en deux, trois, quatre endroits, comme de la viande de boucherie préparée au couperet. Les femmes, toujours suppliant, criant: Mon fils! Mon mari! Mon père! Mais, surtout, le cri des mères : Mon fils!...

« Un pauvre petit de quatorze ans, un œil crevé, tout le mollet enlevé, un trou à la cuisse.

« Comme une femme m'avait tout à l'heure tiré par la jambe, réclamant son enfant, je demande au petit s'il avait sa maman avec lui:

— « Oui, mais elle est morte, elle est morte!»

« Je retourne à la femme, je lui demande son nom et je reviens à l'enfant. C'était bien sa mère.

« En chemin, dans mes bras, il me dit:

— « Je crois que j'ai une coupure, ça me cuit ».

« La mère lui collait sur la figure sa figure ensanglantée,

l'inondant. Elle était plus malade que lui, la pauvre, et je crois qu'elle est morte après!

« Je vous écris ceci bien au décousu, comme vous devinez — *avec encore du sang sur les ongles...* »

Cette catastrophe de Charenton fut, croyons-nous, avec celles de Saint-Mandé et d'Adelia (Algérie), dont nous parlerons bientôt, la plus sanglante et la plus dramatique de ces dernières années. La fanfare de la Ferté-Alais, qui revenait d'un concours et occupait la voiture de queue, disparut tout entière!

La faute en était, a-t-on prétendu, au chef de gare de Maisons-Alfort, qui n'avait pas retenu le train omnibus pour laisser passer l'express, et aux signalistes qui auraient dû arrêter ce dernier. Le chef de gare fut condamné à huit mois de prison, un des employés à six mois, un autre à un an.

Hâtons-nous de reconnaître que souvent, s'il a été établi que certains accidents ont été causés par la négligence de l'un ou l'autre agent, il a été souverainement prouvé que, généralement, cette négligence était due à un surmenage coupable qui rendait l'administration moralement responsable du sinistre.

Le 3 septembre 1882, sur la ligne de Fribourg à Colmar, un train de plaisir dérailla dans une courbe. Ce train ne comprenait que des voitures de troisième classe; il était au complet et renfermait 960 voyageurs. 60 périrent sur le coup, et plus de cent cinquante furent blessés.

En 1886, le 10 mars, collision entre Roquebrune et Monte-Carlo, dans un endroit où la voie est très élevée le long d'un remblai : 5 morts 13 blessés.

En Italie, au mois d'octobre 1888, entre les gares de Salandra et de Grassano, dans la province de Tarente, un éboulement brisa neuf wagons et en ensevelit quatre : 100 morts et plus d'une centaine de blessés.

Une catastrophe du même genre avait eu lieu, en France, deux ans auparavant. La montagne de Montgervis s'éboula en partie sur le train venant de Marseille et allant à Sisteron. Mais on n'eut à déplorer que la mort du mécanicien et de deux voyageurs.

Le 5 septembre même année, le rapide de Modane vient se briser contre un train déraillé près de Vélars : 9 morts. Sous les décombres, on trouva un jeune enfant endormi. Cause : une déformation de la voie.

Le mois suivant à High-Valley (U. S.) deux trains se rattrapent et se télescopent : plus de 100 morts.

A la même époque a lieu le déraillement du train impérial russe à Borki, attribué, à tort ou à raison, à un attentat nihiliste. Le domestique qui servait le café au tsar fut tué; la princesse Olga fut projetée hors du wagon mais ne se fit aucun mal; le grand-duc Michel fut retrouvé sous les décombres avec des blessures insignifiantes. Il y eut en tout 21 morts, 37 blessés. L'enquête affirma que l'état de la voie était défectueux, que les traverses étaient pourries, mais il faut se défier des enquêtes, et plus particulièrement dans ce cas, si l'on songe à l'examen minutieux dont cette voie avait été l'objet avant le passage du train.

En Belgique, le 2 février 1889, un train express déraille précisément à l'entrée du pont de Groe-

nendael, à quelques kilomètres de Bruxelles, sur
la ligne du Luxembourg, et va se briser contre
une des piles. Les deux premières voitures sont
mises en pièces : 15 morts, 40 blessés.

En 1891, le 27 juillet, catastrophe de Saint-
Mandé; elle rappelle par ses circonstances celle
de Versailles (1842). Deux trains se tamponnent
sur le pont de la Tourelle, le feu prend dans les
débris, et nombre de voyageurs, — une quaran-
taine! — sont littéralement brûlés vifs ou as-
phyxiés avant qu'on ait pu les dégager. Les détails
se répètent dans leur atrocité.

Enfin, pour finir, et ne pas raviver les deuils
les plus récents, parlons encore de la fameuse
collision d'Adelia, sur la ligne ferrée à une seule
voie qui va d'Alger à Oran. Cette collision mérite
une mention toute spéciale parce qu'elle se produisit sur voie unique et entre deux trains venant
en sens inverse, accident fort rare dont nous
avons parlé au chapitre des signaux, à propos des
cloches Léopolder. Il existe des moyens multiples
et quasi infaillibles pour prévenir ces sortes de
malheurs. Le plus simple et le plus sûr, encore
en usage sur certains chemins de fer des États-
Unis, est ce que l'on appelle le *bâton-pilote*. C'est
un bâton spécial que le mécanicien du train montant doit remettre en présence du chef de la gare
de croisement, au mécanicien du train descendant. Comme il n'y a qu'un bâton-pilote, il est
clair que deux mécaniciens ne peuvent le détenir
à la fois et que tout accident du genre devient impossible.

A Adelia, la ligne d'Alger à Oran est caracté-

risée par une montée rapide. Le 11 mai 1896, un
convoi de soldats désignés pour Madagascar filait
à une vitesse de 40 kilomètres à l'heure sur la
pente, vers la station de Vesoul-Benian. Or, le train
d'Alger quittait au même instant ce même point,
muni d'une machine de queue, et faisant force
vapeur pour escalader la rampe. A 6 kilomètres
d'Adelia, le choc se produisit, malgré les efforts
des mécaniciens, qui tous deux renversèrent la
vapeur. Le train d'Alger, très lourd et solidement
étayé par la machine d'arrière, résista victorieu-
sement. Quant au convoi militaire, il fut littéralement *aplati*. Par suite de l'arrêt brusque, les
wagons, en raison de la vitesse acquise et de la
pesanteur, s'écrasèrent les uns sur les autres. Le
télescopage fut complet. Le centre du convoi, où
se trouvait le wagon occupé par les officiers, fut
le point mathématique maximum de la compres-
sion. Six de ces malheureux furent tués sur le
coup, ainsi qu'un grand nombre de soldats. Le
chiffre des blessés fut également très considérable.

L'accident, ici, avait évidemment pour cause
une erreur. L'enquête fut sévère. Le train militaire était un train *facultatif* qui devait croiser
le trian *régulier* d'Alger en gare d'Adelia. Il était
arrivé à quai dans cette localité à l'heure régle-
mentaire.

La responsabilité incombait donc au chef de
gare qui avait signé la feuille constatant que le
croisement s'était effectué. Le surmenage dont
nous avons déjà parlé et auquel on a attribué aussi
la plupart des collisions survenues en Belgique,
fut invoqué avec raison, car les employés de la

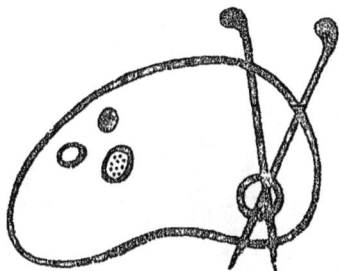

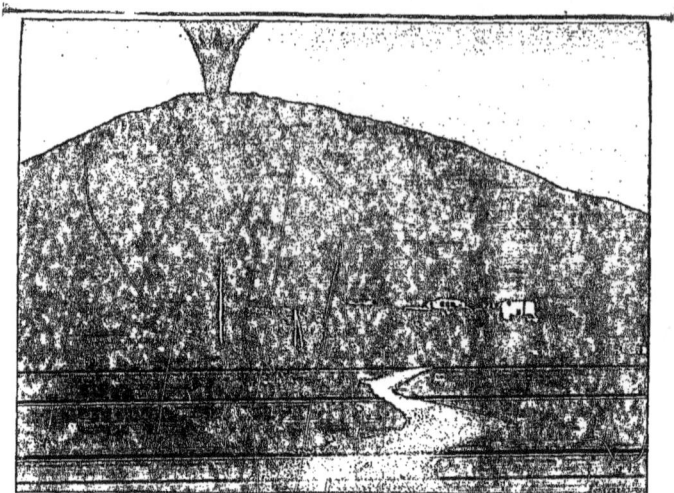

Le funiculaire du Vésuve.

are d'Adelia faisaient jusqu'à 18 heures de travail par jour.

Sans passer sous silence aucun des sinistres célèbres, nous avons tenu, comme on voit, à choisir sur la funèbre liste des catastrophes les plus diverses, surtout par leurs causes, car c'est principalement par l'étude des causes que l'on se rend compte de la difficulté extrême de les éviter ainsi que de la multiplicité des moyens déjà employés dans ce but. On fera mieux encore dans la suite, sans doute, mais, répétons-le, les cas fortuits se représenteront toujours.

Les collisions préméditées : combats de locomotives.

Le mouvement d'irrésistible et cruelle curiosité qui pousse les plus intelligents, à l'annonce d'une catastrophe, à se précipiter pour « aller voir », a eu ces derniers temps un résultat original et bien inattendu. Les Américains, fidèles à leur esprit pratique, imaginèrent de mettre en exploitation cette émotion passionnante et, comme les Romains jetaient l'un contre l'autre, dans les jeux du cirque, les animaux les plus féroces de la création, ils résolurent de *faire se battre deux locomotives;* en d'autres termes, de provoquer, sous les yeux d'un public aussi considérable et aussi... payant que possible, une véritable collision dans le genre de celle d'Adelia, rapportée plus haut. Il ne s'agissait rien moins, dans la pensée des organisateurs de cette... fête, que de lancer l'un contre l'autre deux véritables trains,

10

à toute vitesse, sur la même voie, et de les abandonner à leur sort... « pour voir ». Bien entendu, des trains vides de voyageurs, des locomotives veuves de leurs chauffeurs et de leurs mécaniciens.

Après avoir supputé soigneusement ce que pourrait rapporter une telle « business », et ce qu'elle devrait coûter, en un mot, après avoir dressé un devis complet, deux citoyens de l'Union, MM. Fisher et Streeter, résolurent de tenter l'entreprise de cette colossale « attraction ». Ils commencèrent par méthodiquement préparer l'opinion et chauffer la badauderie contemporaine, en faisant autour de leur projet toute la réclame qu'il comportait. Bien qu'habitués à plus d'une excentricité meurtrière, leurs compatriotes traitèrent longtemps cette affaire de « humbug » (blague), et ce ne fut que lorsque les préparatifs furent commencés, qu'ils y crurent enfin, et que la folie du pari se déchaîna autour des heureux « managers ».

Ce fut un délire dans l'Union. Le combat de locomotives se présentait à l'imagination du public comme quelque chose d'à la fois grandiose et bien moderne, tout à fait « yankee », tranchons le mot. Les sommes engagées pour ou contre chacun des « combattants » furent insensées.

Des gens, dont quelques-uns compétents, venaient de fort loin examiner les deux machines, les tâter, les apprécier comme on le ferait de chevaux de course ou de coqs de combat. C'étaient deux vieilles haridelles de locomotives, hors d'âge, ayant presque fini leur temps de service, mais encore parfaitement propres à fournir cette

Rencontre des locomotives à Buckeye Park, le 30 mai 1896 (Vue prise deux minutes après la rencontre).

course suprême. Et les paris montaient toujours...

Il y eut mieux : l'un des organisateurs fut, dans les derniers jours, en proie aux continuelles obsessions d'un gentleman qui lui offrait la forte somme pour monter sur l'une des deux machines. Cela eût certainement corsé le spectacle, et dans de grosses proportions, mais, si Américain que l'on soit, on hésite à prendre une semblable responsabilité, et les propositions du gentleman, pour lucratives qu'elles fussent, furent obstinément refusées. La légende dit qu'il se suicida le lendemain, — de désespoir de n'avoir pu se suicider d'une autre façon.

Bref, le combat eut lieu, le 30 mai 1896, à Buckeyes Park, à 25 milles au sud de Columbus (O.), sur la ligne du *Colombus-Hocking-Valley-and-Toledo-Railway*, au milieu d'une foule extraordinaire, difficilement tenue à distance.

Les deux locomotives, attelées à un certain nombre de vieux wagons destinés à donner du poids à leur impulsion et à compléter l'illusion d'une collision véritable, furent placées à quelques centaines de mètres l'une de l'autre. A un signal chronométriquement donné, les ingénieurs ouvrirent au large, à l'aide d'une chaînette, la prise de vapeur, et les convois se mirent en marche l'un sur l'autre, à une vitesse qui, dès le début, fut vertigineuse... La foule, tantôt houleuse et criarde, avait fait silence, et l'on n'entendait dans la campagne, que le halètement des locomotives et le roulement des voitures...

Le choc se produisit au milieu d'un fracas

Rencontre des locomotives à Buckeye Park, le 30 mai 1896 (Vu · prise ci q minutes après la rencontre).

épouvantable. L'une des machines fut éventrée
du coup, l'autre se dressa et la terrassa pour ainsi
dire, tandis que les wagons volaient en pièces et
grimpaient les uns sur les autres. Des chaudières
éclatées la fumée et la vapeur fusaient; les crépi-
tements du bois qui casse et qui brûle, le bruit
des décombres s'écroulant les uns sur les autres,
paraissaient le râle des deux malheureuses locomotives. Enfin, tout se calma quelque peu, et le
public put approcher sans péril, juger des effets,
et satisfaire à l'aise sa curiosité. Le règlement
des paris donna lieu à de grandes difficultés. On
s'accorda pourtant à considérer comme victorieuse
la machine qui avait terrassé l'autre, bien que les
dégâts faits au train qu'elle conduisait fussent les
plus importants.

Nous reproduisons ici, par les procédés photo-
typiques, deux photographies instantanées qui
représentent les phases principales de cet événe-
ment. Ce sont des documents rares en Europe.
La première montre les locomotives au moment
précis où elles entrent en contact, la seconde
fait voir les résultats de la rencontre quelques
minutes après. Ce sont des souvenirs très vivants
de cette coûteuse expérience, qui fut la première
d'une série.

Les Américains sont, en effet gens d'un esprit
trop pratique pour laisser se perdre la perspec-
tive d'un bénéfice quelconque. Aussi le succès de
cette première collision « par ordre » amena-t-il
d'autres entrepreneurs à reproduire ce genre de
spectacle particulièrement émotionnant. Ils ga-
gnèrent des sommes considérables, et leur exemple

fut encore suivi. Des compagnies spéciales se
constituèrent pour exploiter cette attraction nouvelle, rachetant à vil prix les locomotives et
les wagons presque hors d'usage, et concluant
pour ce d'importants contrats avec les Sociétés
de chemins de fer.

Tant et si bien que ce qui devait arriver arriva.
Nous avons constaté au paragraphe précédent,
que rien ne ressemble plus, dans son horreur, au
spectacle d'une catastrophe que celui d'une autre
catastrophe. Aussi les amateurs de collisions par
ordre se lassèrent-ils bientôt, et les « managers »
virent-ils leur vogue baisser rapidemen'. Aujour-
d'hui ces combats de locomotives sont devenus
aux États-Unis chose presque banale et qui pique
encore à peine la curiosité des foules. Quand donc
les verrons-nous s'acclimater en Europe ?

***

Nous ne pouvons cependant abandonner ce
sujet si américain sans parler d'un combat de locomotives qui restera justement célèbre. On se
rappelle l'agitation extraordinaire et l'efferves-
cence politique qui précédèrent l'élection du
président Mac-Kinley, faite tout entière sur une
question d'étalon monétaire. Les Yankees ne lais-
sèrent pas échapper cette occasion d'affaires, et
ils imaginèrent de lancer l'une contre l'autre deux
locomotives baptisées des noms des deux candi-
dats, le protectionniste Mac-Kinley et le libre-
échangiste Bryan.

Nous ne pouvons mieux faire que de résumer,

d'après un journal américain de l'époque, cette
mémorable rencontre, qui, pour les amateurs de
prévisions et les superstitieux, eut un résultat pi-
quant, en ce sens que la locomotive représentant
celui qui devait triompher, fut écrasée par celle
qui était le champion de son adversaire.

Les deux trains se composaient chacun de trois
voitures et se rencontrèrent à une vitesse de 80
milles à l'heure.

Leur mise en contact eut lieu sur la ligne de
l'Illinois-Central. Elle fut accompagnée d'une formidable détonation, due à l'explosion des chaudières, et de nuages de vapeur et de fumée. Plus
de 5.000 spectateurs y assistaient.

Les toits des maisons du voisinage étaient cou-
verts de monde, et l'enthousiasme électoral, si
bruyant et si tumultueux chez les transatlantiques,
se donnait libre cours. Les poteaux télégraphiques jusqu'à leur sommet étaient envahis par des
centaines de gamins.

Dans les débris des machines et des wagons, le
feu se déclara, comme il fallait s'y attendre, mais
il fut vite éteint, et la foule des spectateurs se
précipita pour juger des résultats.

La locomotive Mac-Kinley était dans un si pi-
teux état ainsi que les wagons qu'elle avait remor-
qués, que l'ensemble ne ressemblait plus à rien.
Bryan avait mieux résisté et une acclamation
formidable des partisans de ce candidat salua
cette victoire.

Au dire des connaisseurs, elle avait pour cause
ce fait que l'une des locomotives était une machine à marchandises, fort lourde, et plus ca-

pable de supporter le choc que son adversaire,
locomotive pour express suburbains, dont la carrière s'était terminée dans le service de la *World's
Fair* de Chicago.

Quoi qu'il en soit, la joie des triomphateurs fut
de courte durée, car quelques heures plus tard, le
véritable Mac-Kinley écrasait, sérieusement cette
fois, le véritable Bryan. Le pronostic avait menti.

Les chemins de fer pittoresques et fantaisistes.

Vue générale d'un train monorail.

Outre le « chemin de fer glissant » dont nous
avons déjà dit ce qui convient, il existe un certain
nombre d'inventions, encore dans l'œuf, qui ont
plus ou moins d'avenir et sont destinées peut-être
à rénover nos chemins de fer actuels, lesquels
pourraient être, comme le dit fort bien un tech-
nicien expert, considérés par nos descendants
comme des moyens de locomotion barbares.

Si le chemin de fer glissant fut un des clous de
la *World's fair* de 1889, l'Exposition de Bruxelles
de 1897 présentait une tentative du même genre,
qui n'eut, elle, aucun succès : le monorail. Les

wagons, suspendus sur un rail unique, devaient, au dire de l'inventeur, acquérir une vitesse jusqu'à présent inconnue. Les essais ne répondirent pas à l'attente, mais qui sait ? Il ne faut douter de rien en pareille matière, — c'est-à-dire qu'il faut douter de tout.

Il y a en revanche une catégorie de voies fer-

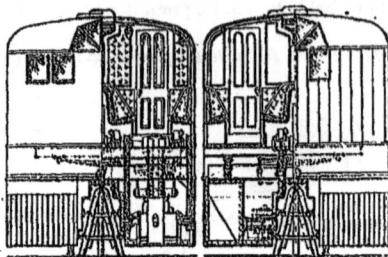

Coupe transversale d'une voiture du train monorail.

rées qui, malgré leur apparence fantaisiste, ont fait leurs preuves d'utilité : ce sont les funiculaires et les railways à crémaillère. Détail à remarquer, les funiculaires sont en réalité antérieurs aux chemins de fer proprement dits. Dès le commencement de ce siècle, en effet, dans différentes grandes usines situées en pays montagneux, on employait, pour la montée des matériaux, des wagons attirés par une corde qu'enroulait sur un cylindre l'action de la « machine à feu ».

Tout le principe du funiculaire est là. Aujourd'hui, les funiculaires sont très répandus dans les Alpes, dans le Tyrol, en Italie, et rendent de grands services. Les deux premiers qui furent sérieusement établis sont, croyons-nous, celui du Righi et celui du Vésuve. On a fait plus encore, on a appliqué la traction funiculaire aux communications intra-urbaines, et les Parisiens, notamment, se rappelleront longtemps les difficultés d'établissement du fameux funiculaire de Belleville.

Sans entrer dans des détails oiseux et peu intéressants, il faut noter simplement que les funiculaires actuels sont de deux sortes : tantôt les voitures sont entraînées le long de la pente par un câble commandé par une machine fixe, tantôt une locomotive de construction particulière se hale et les hale sur ce câble. C'est ainsi que sont nés les chemins de fer « à crémaillère », qui présentent une simple variété de la traction funiculaire. Au lieu de se haler sur un câble, la machine possède dans ce système une roue qui engrène avec un rail à crémaillère. Des freins spéciaux garantissent les voyageurs contre les accidents possibles. La vitesse n'est pas bien grande, mais

Installation de la voie du train monorail
(Rails posés sur chevalets).

la sécurité est à peu près absolue. De même que
les funiculaires proprement dits, les chemins de
fer à crémaillère sont anciens dans leur principe.
Lors des premiers essais de locomotives faits en
Angleterre, les ingénieurs Trevithick et Vivian
imaginèrent en effet de faire engrener la roue
motrice avec le rail, croyant que sans cela la machine patinerait sur place. On dut promptement
renoncer à cette opinion et c'est ainsi que l'idée
de la crémaillère, complètement abandonnée pour
les voies ordinaires, a été fort avantageuse plus
tard pour les voies de montagne. Rien ne se perd
à qui sait attendre.

**

Il existe pas mal de chemins de fer à crémaillère à de hautes altitudes. La plus élevée de toutes,
actuellement en exploitation, est la ligne du mont
Garneyrat, puis parmi les suivantes, celles du
Stanserhorn haute de 1.900 mètres; de la Schy-
nigeplatte, près d'Interlaken, de 1.970 mètres;
des rochers de Naye, près de Territet-Glion, de
1.972 mètres; de la Wengernalp, de 2.064 mètres;
du Pilate, de 2.006 mètres; et enfin du Rothorn-
Brienz, de 2.252 mètres.

Mais voilà qu'en 1897, a été inauguré le premier tronçon du chemin de fer de la Jungfrau
qui aura, lors de son achèvement, 4.167 mètres !

C'est là une entreprise d'une audace étonnante.

La ligne, partant de la Scheidegg, monte de
300 mètres environ devant le kurhaus de Bellevue
en se dirigeant, par une légère courbe, jusqu'au

glacier de l'Eiger. Là, on entre en souterrain. Il
y a une première station à 1.800 mètres de profondeur dans le massif; puis la ligne pénètre
dans le Monch et passe devant une deuxième station établie à fleur de rocher avec vue sur le
panorama opposé, du côté de l'Aletsch. Enfin, elle

Voiture du chemin de fer funiculaire du Vésuve.

pénètre dans le massif de la Jungfrau ; nouvelle
station, et enfin, arrivée sous le point culminant
de la montagne. On est encore à 60 mètres
environ de la cime. Un ascenseur électrique élève
les voyageurs dans un puits vertical jusqu'au
sommet. Un pavillon vitré abrite les curieux,
et leur permet d'admirer malgré le vent le
spectacle incomparable qui se déroule devant

leurs yeux. Le trajet total est de 12 kilomètres en
tunnel éclairé à la lumière électrique. C'est environ la longueur du tunnel du mont Cenis. La
ligne n'a qu'une voie normale et les croisements
ont lieu aux stations.

Il faut ajouter que, en dehors de l'intérêt réel
que présente l'ascension en chemin de fer d'une
des plus hautes montagnes et le transport rapide
à 4.167 mètres au-dessus du niveau de la mer, il
y a encore dans cette œuvre très hardie, un élément particulier de succès ; c'est, ainsi que le fait
observer M. de Parville, la renommée universelle
de la Jungfrau. On vient l'admirer du fond de l'Amérique. Ce n'est pas une montagne ordinaire pour
les enthousiastes ; la Jungfrau est bien la reine
de l'Oberland ; pour les gens du pays elle est d'or
massif ; c'est elle qui fait vivre l'Oberland bernois.
Pour les étrangers, c'est une merveille. On la
regarde presque avec dévotion...

Chemin de fer à crémaillère de la Jungfrau.

CHAPITRE VI

CONCLUSION,

Comme nous l'avons dit au début, notre tâche, telle que nous la comprenions, était de faire une sorte de croquis de l'œuvre colossale que nous avions à apprécier, de manière à en donner une notion aussi synthétique et résumée que possible, à en reproduire, en un mot, la physionomie générale. Si nous y avons réussi, si le lecteur se figure à présent de quels éléments multiples et complexes se compose le fonctionnement et le merveilleux système des chemins de fer, il nous reste à conclure, c'est-à-dire à tâcher d'interpréter la signification et la valeur philosophiques de tant d'efforts humains convergeant vers le même but : raccourcir, presque supprimer la distance.

Quelques chiffres encore, — les derniers. Ils sont relatifs à la longueur actuelle du réseau ferré universel, et exposent ce qu'est devenue la fameuse invention de Stephenson à la fin de ce siècle.

PAYS	LONGUEUR EXPLOITÉE AU 31 DÉCEMBRE DE L'ANNÉE				
	1892	1893	1894	1895	1896
	par kilomètres				
Europe.................	231.970	238.478	245.130	251.421	257.808
Amérique............	353.214	360.842	364.975	370.095	374.742
Asie.................	37.271	38.995	41.970	43.279	45.683
Afrique..............	11.671	12.370	13.103	13.147	14.708
Australie.............	20.402	21.100	22.202	22.349	22.372
Total pour toute la terre.	654.528	671.803	687.380	700.201	714.903

Cette statistique est encore sensiblement inférieure à la réalité : bien qu'elle soit basée sur des renseignements officiels, il est certain qu'il y a toujours, en des informations recueillies ainsi pour le monde entier, un certain déchet. Elle n'en montre pas moins le formidable essor qu'a pris à travers le temps et l'espace, la pensée de Stephenson. Et cet essor continue et s'accroît encore : à l'heure où nous écrivons ces lignes, des millions d'ouvriers laminent et alignent des rails, des millions d'autres forgent, boulonnent, et ajustent des locomotives.

Jamais invention n'eut pareille destinée, ja-

11

mais ne vint plus précisément à son heure. Contrairement à ce qui arrive d'ordinaire, l'opposition qu'elle suscita fut de courte durée et lui servit même dès le début; elle provoqua ainsi plus d'attention et obtint plus d'appui des gens éclairés. Elle bouleversa son siècle, changea la face du monde, modifia profondément le caractère et les conditions de coexistence de l'espèce... Chose digne de remarque, sa fortune fut telle, que son auteur mourut en pleine gloire, et cependant il ne devait pas en être de même des inventions qui vinrent au jour après elle et qui sont actuellement considérées comme ses adjuvants et accessoires naturels : la télégraphie et la téléphonie, qui demeurèrent longtemps dans l'enfance. La comparaison est curieuse, et a été l'objet de plus d'un intéressant discours au Congrès international de télégraphie tenu à Paris en 1890.

L'idée mère de la télégraphie électrique était conçue par le juif américain Samuel Morse en 1832, et ce n'est qu'en 1846 que la France inaugurait la ligne de Paris à Lille, et la Belgique celle de Bruxelles à Anvers. Et les uns condamnaient le système Morse au point de vue financier, les autres au point de vue politique. Peu croyaient à sa possibilité. Berryer, plein d'appréhensions, réclamait des expériences nouvelles; quelques-uns se plaignaient amèrement « des ondulations très pénibles que les fils télégraphiques feraient passer sous les yeux des voyageurs ».

L'idée finit par triompher, et l'on sait sa carrière. Mais tandis qu'il fallut à peine sept années au projet de Stephenson pour entrer dans la voie de la réalisation pratique et prospère, il en fallut près de vingt à la télégraphie électrique.

Même destinée pour le téléphone.

A propos des origines de la téléphonie, on peut citer également quelques détails qui figureraient dignement dans un livre à composer sous ce titre: la *Genèse des inventions*. Livre plein d'enseigne· ments philosophiques et de curieux détails, où seraient narrées les infortunes des inventeurs, où tous, depuis Salomon de Caus jusqu'aux « uto- pistes » du temps présent, auraient leur page.

On n'y oublierait pas Fulton repoussé par Na- poléon et Copernic mourant de chagrin sous les sarcasmes de la foule imbécile qui bafoua Fran- klin à ses débuts et ridiculisa Galvani en l'appe- lant le « maître à danser des grenouilles ».

Quel contraste avec la chance de Stephenson que ce fait que le véritable inventeur du téléphone est un obscur employé des postes et télégraphes de France, Charles Bourseul, qui le premier for- mula, dans un article publié en 1854 par l'*Illus- tration*, la théorie complète de l'instrument qui, avec le chemin de fer et le télégraphe électrique, devait bouleverser notre civilisation.

« Imaginez, écrit Bourseul, que l'on parle près d'une plaque mobile assez flexible pour ne perdre aucune des vibrations produites par la voix; que cette plaque établisse et interrompe successive- ment la communication avec une pile; vous pourrez avoir à distance une autre plaque qui exécutera en même temps exactement les mêmes vibrations . . . .

« ... Il est certain que, dans un avenir plus

ou moins éloigné, la parole sera transmise à distance par l'électricité... »

La prophétie est assez claire, et dans la suite de l'article, l'appareil est d'ailleurs décrit très explicitement.

Qui connaît aujourd'hui Bourseul?

Et cependant, l'exemple des chemins de fer était récent encore et aurait dû ouvrir les yeux aux plus timorés. Il fallut donc à la téléphonie près de quarante ans pour se faire accueillir. Combien en faudra-t-il à la télégraphie sans fils, dont cependant les expériences pratiques sont commencées? Combien en faudra-t-il au téléphote?

Il y a cependant à ces différences si considérables dans le sort des inventions une raison, un motif autre que le caprice aveugle de la foule. Ce motif, croyons-nous, n'est dans l'espèce que le principe philosophique qui est la base même et l'origine directe de la prospérité des chemins de fer : c'est l'intérêt mutuel et l'avantage matériel bien entendus se traduisant dans la notion de la *solidarité* universelle.

Rien de meilleur ni de plus beau que ce qui profite à la masse humaine tout entière, et devient ainsi un lien de plus entre les hommes. Pour le railway, c'est non seulement la vérité symbolique, mais la réalité tangible. Que de peuples n'a-t-il pas unis et rapprochés! Dans un chapitre précédent, nous constations le fait pour l'unité de l'Empire allemand. Mettre en communication toutes les races, préparer de véritables fédérations économiques d'États, rendre plus évidentes de jour en jour l'absurdité de la guerre et la nécessité des relations pacifiques entre les peuples, tel est le rôle et l'avenir grandioses des chemins de fer. Tout cela est dans le panache de fumée qui couronne la locomotive roulant à travers les champs, franchissant les fleuves, traversant les montagnes, et dont les volutes s'élargissant dans la profondeur du ciel semblent à l'œil du penseur y écrire le grand mot : *solidarité.*

Grand mot, grande pensée... Il s'en faut cependant qu'elle soit encore bien comprise, non seulement par la foule, mais par une partie de l'élite.

Et à cette compréhension, de jour en jour plus parfaite, la création et le développement incessant des chemins de fer a aidé et aidera toujours puissamment. Il est facile de le démontrer, et de démontrer ainsi qu'à notre époque, le progrès général dépend presque en totalité de l'invention de Stephenson.

Parmi les notions principales dont le développement règle le progrès humain, l'une de celles dont la marche a été la plus lente et la plus tardive, est en effet la notion de solidarité. Avant de la comprendre comme une loi générique de notre destinée, on en a fait une fiction juridique. Elle a été imposée par les dogmes avant d'être constatée dans la nature.

Il est certain que si la solidarité était mieux comprise, sinon mieux appliquée, l'évolution sociale serait plus rapide et plus sûre, mais tandis que beaucoup l'ignorent encore, beaucoup aussi s'entêtent à la méconnaître.

Cette idée de la solidarité est en principe vieille

comme la raison et la logique, car elle n'est qu'un résultat de la faiblesse native des individus et des sociétés. Elle repose en dernière analyse sur la plus inébranlable des bases : l'égoïsme, qui n'est que la quintessence du sentiment de conservation, ressort principal de la personnalité vivante.

Elle est un postulat de la durée de l'espèce; celle-ci, sans elle, doit disparaître. Quoiqu'elle se trouve dans l'instinct de tous, elle n'est dans la raison que du petit nombre. Car les idées, comme les autres choses, subissent leur âge et, tout virtuellement parfaites qu'elles soient, ont besoin des années et des siècles pour arriver à la maturité. Ce n'est qu'en reconnaissant le besoin qu'ils ont les uns des autres que les peuples se sont rapprochés ; et cette évolution n'a pu entrer dans son dernier période que lorsque les moyens de communication entre les nations sont devenus rapides et peu coûteux. La période de paix relativement longue et le beau mouvement de pacification universelle auquel notre époque assiste sont sortis littéralement de la chaudière d'une locomotive. Et ce n'est pas seulement ainsi les biens matériels que le railway transporte, c'est l'idée morale et le sentiment juste.

Tant de choses dans un chemin de fer ! diront les esprits myopes.

Parfaitement, et l'avenir le démontrera mieux encore. Que l'on remarque, en effet, que c'est en cette dernière moitié de siècle seulement que la notion de solidarité se précise et s'accuse.

Les grands pactes internationaux, l'Union postale, les unions monétaires et douanières montrent mieux que tout quelle importance formidable a prise de nos jours cette notion jadis secondaire pour les hommes d'État; et ce ne sont en somme que des corollaires logiques de l'extension des relations internationales par le fait du railway.

En attendant les États-Unis d'Europe, ce rêve qui n'est point si utopique peut-être qu'il en a l'air, de grands projets qui, autrefois, auraient fait hocher bien de doctes têtes, attestent que si la fraternité humaine, sentimentalement entendue, est une erreur, la solidarité, qui n'est en somme qu'une fraternité plus mathématique, est une nécessité de la vie terrestre.

L'homme s'évertue, par tous les moyens, à rendre le séjour de la planète où il est et où il vit aussi confortable que possible, et il paraît enfin saisir d'une certaine manière que rien ne peut se faire de vraiment utile que par la généralité et n'être vraiment utile que pour elle. Ce résultat inappréciable, qui amène enfin l'humanité au seuil de Chanaan, c'est à l'humble ouvrier de Newcastle que nous le devons, et le jour où la *Fusée* franchit son premier kilomètre est un des plus grands jours de l'histoire du monde...

TABLE DES MATIÈRES

CHAPITRE V

CHAPITRE VI

PARIS. — IMP. P. MOUILLOT, 13, QUAI VOLTAIRE. — 89476.

Absence de pagination
ou de foliotation

LES LIVRES D'OR DE LA SCIENCE

BULLETIN DE SOUSCRIPTION

Je soussigné....... ....

demeurant à........... ....

rue,..N°.................

déclare souscrire aux **douze** volumes de la *2ᵉ série*

des **Livres d'Or de la Science**, *qui me seront*

envoyés franco, en échange du mandat-poste

de ⁽¹⁾ .... *francs, que je joins à la présente.*

SIGNATURE :

Date :..

(1) PRIX DE SOUSCRIPTION AUX 12 VOLUMES DE LA 2ᵉ SÉRIE :
Pour Paris : **10** francs;
Pour Départements et l'Étranger **12** francs.

Bibliothèque Littéraire de Vulgarisation Scientifique.

LES
LIVRES D'OR DE LA SCIENCE

Petite Encyclopédie Populaire Illustrée

DES SCIENCES, DES LETTRES ET DES ARTS

ÉDITION SOIGNÉE ET LUXUEUSE EN FORMAT PETIT IN-18

Chaque volume de 192 pages environ, avec nombreuses illustrations
dans le texte et planches hors texte
et en couleurs, autant que le sujet le permettra.

Prix : UN franc.

PRINCIPALES DIVISIONS DE LA COLLECTION

1. Section Zoologique.
2. Section Botanique.
3. Section Géologique et Minéralogique.
4. Section Paléontologique.
5. Section d'Histoire naturelle.
6. Section des Sciences générales.
7. Section des Sciences appliquées.
8. Section Agronomique.
9. Section Médicale, Anatomique et Physiologique.
10. Section de Chimie.
11. Section de Physique.
12. Section Astronomique.
13. Section des Mathématiques.
14. Section Anthropologique.
15. Section de Linguistique.
16. Section Ethnographique.
17. Section Sociologique.
18. Section des Mœurs, Coutumes et Institutions.
19. Section Philosophique.
20. Section de Philosophie historique.
21. Section Psychologique.
22. Section Mythologique et des Religions.
23. Section des Sciences occultes.
24. Section d'Économie politique.
25. Section d'Économie sociale.
26. Section d'Économie domestique.
27. Section Industrielle et Commerciale.
28. Section Géographique.
29. Section des Voyages et Découvertes.
30. Section Historique.
31. Section Littéraire.
32. Section Artistique.
33. Section de l'Architecture.
34. Section Archéologique.
35. Section Préhistorique.
36. Section de l'Ameublement.
37. Section des Arts industriels.
38. Section des Professions et Corps de Métier.
39. Section Juridique.
40. Section de l'Art militaire.
41. Section Coloniale, etc.

www.ingramcontent.com/pod-product-compliance
Lightning Source LLC
Chambersburg PA
CBHW060556210326
41519CB00014B/3486